> 5 シリーズ・・・・
> 数学の世界
> 野口 廣 監修

経済と金融の
数理
― やさしい微分方程式 ―

青木憲二 著

朝倉書店

まえがき

　これは数学が苦手だった方に向けて，微分積分の知識を前提としないで書かれた微分方程式の本です．数学一般の予備知識もほとんど必要ないと思います（高校初年級もあれば十分です）．しかし，本書は最初のページから微分方程式を説明しています．そのため，日常的な感覚から微分方程式に入り，読み進むうちに必要な道具が得られるという形になっています．また，同じようなことを新しい道具を使って再び説明するというように，らせん状にゆっくり進んでいます．微分方程式は難しいものと思われていますが，そうではなく自然な考え方でとても便利なものであるということが伝わればと思います．

　微分方程式は歴史的には物体や天体の動きを表現するために生まれ，それ以降さまざまな現象の理解や予測に利用されてきています．最近では，物理・化学以外にも形態形成などの生物学や，世の中のグローバル化や複雑化とともに経済・社会科学や金融の分野でも広く使われるようになっています．

　このため，今までは縁がないと思っていた方々でも微分方程式という言葉に遭遇する機会が増えています．この本は，そのような文系（経済・経営・情報系）の大学生や社会人の方々を念頭において執筆しています．しかし，「微分方程式がどういうものか雰囲気だけ知りたい」という方や高校生にも読んでいただけると思います．

　題材は，経済や金融につながりのある基本的なことから取り上げています．物理などの自然科学的なことはお話として少し出てくるだけです．新しい概念や記号を使うときは，それが出てくるまでの過程をていねいに説明するように

しました．それは，コンピュータの能力が発達した現在，解くための手法よりも数学の形式的な言葉を提供するという役割が大きくなっているからです．また，微分方程式とともに差分方程式を，お互い関連付けながら統一的に扱うことを特に意識しました．コンピュータの発達に伴い差分方程式の重要性が増しているからです．

　題名が『経済と金融の数理』とあるように，本書の内容は数学というより「モデル化」について述べています．したがって，なるべく数学という世界に閉じこもらずに，外との関わりを意識しながら数学の言葉や枠組みなどを相対化するように心がけました．その意味で，定理や証明を省き，心理的に納得してもらうことに重点をおいています．しかし，わからないところが出てきても，あまり気にしないでください．記号にアルファベットなどの見慣れない文字を使い外国語のようなものなので，わからないというよりは記号の使い方や考え方に慣れていないだけだからです．

　ここで，本の構成に関して簡単に述べておきます．

　1章は，言葉のみで，微分・差分方程式とはどういうものかを単利預金の例を使って説明しています．歴史的なことや，オプション価格の決定など様々な実際問題への適用例も紹介します．この章だけで，微分方程式に関しておおまかなことがわかるようになっています．

　2章は，1章で述べたことを形式的に，再び単利預金の例で説明します．変数や関数という概念が形式化され，それを使って微分・差分方程式を記号化し解いたりします．

　3章は，最も典型的な変化である「ねずみ算」的な増え方を扱います．単純な倍増問題から始めて，複利預金やその理想化である「連続複利」および借金やローン返済までを取り上げます．また，この章と4章では微分方程式と差分方程式の関係を実際に利用しているところもあります．

　現実には「ねずみ算」的な変化はいつまでも続きません．4章は，その抑制される成長現象に共通な一般的モデルを考え，人口や虫などの固体数の変化に

適用します．この差分方程式からは「カオス」と呼ばれる振る舞いが現れ，ここではじめて差分方程式と微分方程式の解に大きな違いが出てきます．

　経済や金融に関する話題としては金融工学のオプション価格理論を典型として様々なものがありますが，以上まででも微分方程式への「入門」としては十分だと思います．なお，本書中のほとんどの図は，数式処理ソフト $Mathematica$ 3.0 を使って描かれています．少しでもお役に立てれば幸いです．

　2002 年 8 月

青木憲二

目　　次

1. 現象の理解と予測 ………………………………………………………… 1
   1.1 歴史的な見方 …………………………………………………………… 2
   1.2 現象を理解する基本的な枠組み ……………………………………… 5
       1.2.1 局所と大局（分析と総合） ……………………………………… 5
       1.2.2 単 利 預 金 ………………………………………………………… 8
       1.2.3 微分・差分方程式の様々な適用例 …………………………… 15

2. 現象の形式化 ―関数と微分・差分方程式― ………………………… 20
   2.1 関　　　数 ……………………………………………………………… 20
       2.1.1 離散時間の場合 ………………………………………………… 20
       2.1.2 連続時間の場合 ………………………………………………… 27
   2.2 差分方程式と微分方程式 ……………………………………………… 30
       2.2.1 差分係数と差分方程式 ………………………………………… 30
       2.2.2 差分方程式を解く ……………………………………………… 33
       2.2.3 微分係数と微分方程式 ………………………………………… 37
       2.2.4 微分方程式を解く ……………………………………………… 43

3. 典型的な変化 ―ねずみ算とその応用― ……………………………… 48
   3.1 ねずみ算 ………………………………………………………………… 48
       3.1.1 将棋盤上のお金（指数関数） ………………………………… 49
       3.1.2 『塵劫記』の問題 ……………………………………………… 60
   3.2 複利：離散時間の場合 ………………………………………………… 64

3.2.1 複利預金 65
   3.2.2 利払い回数が増えた場合の複利預金 68
  3.3 連続複利：連続時間の場合 75
   3.3.1 連続複利の微分方程式 77
   3.3.2 微分方程式を解く 80
  3.4 ローン（借金） 93
   3.4.1 と い ち 94
   3.4.2 ローン返済 94

4. 成長現象 —人口の変化およびカオス— 100
  4.1 離散時間の場合：差分方程式 100
   4.1.1 マルサスのモデル 102
   4.1.2 離散ロジスティックモデル 103
  4.2 連続時間の場合：微分方程式 122
   4.2.1 マルサスのモデルの連続版 124
   4.2.2 ロジスティックモデル（ベアフルストモデル） 126

付録 —ロジスティックモデルの解— 135

あとがきと参考文献 142

索　引 144

1
現象の理解と予測

　無常という言葉があります．世の中のすべてのものは変化しています．このような中で，ある現象に興味を持ったとします．もし，その現象がこれからどうなるのかを予測できれば，現在とるべき行動に反映できて，よりよい結果を得ることができます．毎日天気予報を気にするのもそのためでしょう．ところで，「現象を予測する」ためには「現象を理解する」必要があります．

　現象が変化するといった場合，それは「時間」とともに変化していくことを意味します．したがって，現象を理解するためには，「時間」とともに変化する様子を調べなければなりません．表面的な理解だけでなく，その変化する「からくり」までわかれば，予測の信頼性が自ずと高まることになります．「微分方程式」とか「差分方程式」と呼ばれているものは，その「からくり」を簡潔に表現する言葉と見ることができます．

　この章の目的は，「微分方程式や差分方程式とはどんなものか」，「現象の何を問題としているのか」などに，記号を使わず言葉だけで答えることです．最初に，歴史的なことを紹介します．次に，「分析・総合」という現象一般に適用できる基本的な考え方を確認し，その考え方の延長線上に微分方程式や差分方程式があることを述べます．また，単利預金の例を使ってそのことを具体的に説明してみます．最後に，現実の現象への様々な適用例を紹介します．

　それでは，まず微分方程式に関連する歴史的なことから始めましょう．

1.1　歴史的な見方

　変化するものを捉えようとすることは，現在のような変化の激しい時代に生きている我々には当たり前のことのように思えます．しかし，いつの時代もそうだったのでしょうか．ここでは，微分方程式が誕生したころである近代ヨーロッパの歴史を中心におおまかに振り返ってみたいと思います．ここでは，わからない専門用語が出てきてもあまり気にしないでください．

　古代ギリシャにおいては，タレス (B.C. 624 頃–546 頃) やピタゴラス (B.C. 572 頃–492 頃) をはじめとして自然，哲学，政治など様々なことが自由に考えられていました．タレスは「万物は水である」と唱え，ピタゴラスは「万物は数 (自然数またはそれらの比) である」と考えました．しかし，ピタゴラス派の人々はピタゴラスの定理から自然数の比で表せない数 (無限を内包している数) が出てきて，非常に大きな衝撃を受けたといわれています．また，ヘラクレイトス (B.C. 535 頃–475 頃) は「万物流転」を唱え，パルメニデス (B.C. 504 頃–456 頃) は「変化は存在しない」と主張しました．しかし，ゼノン (B.C. 490 頃–430 頃) の逆理 (アキレスが亀を永遠に追い越せないことなどを述べたパラドックス) などが出たりして，時間や運動は「無限」を扱う難しい問題として避けられるようになったといわれています．

　その後，ヨーロッパは神中心の中世に入りますが，ようやく 16, 17 世紀において再び人間中心の世界観 (ルネッサンス) のもとで，変化の時代に入ります．数に関していえば，計算にローマ数字 (I, II, III, IV, $\cdots$) が使われなくなり現在の記数法 (1, 2, 3, 4, $\cdots$) がヨーロッパに普及したのがようやく 16 世紀であり，負の数が正の数と対等に扱われるようになるのもやっと 17 世紀のことだそうです．

　この時期は大航海時代ともいわれ，商業活動が飛躍的に活発になった時代であり，分数による複利の計算の面倒さから小数が作り出され 10 進法が確立したり (ステビン，1548–1620)，航海術のための天文学の発達が対数の発見 (ネーピア，1550–1617) を促したりしたのもこの頃です．また，現在では当たり前のように使われている $+, -, \times, \div, =, <, >$ や a, b, x, y などの代数記号も使われ

17世紀前半には，数が直線 (**数直線**と呼ばれる) と結びつくことで**座標**の概念や，変化する数を表すものとして**変数**の概念も出てきます (デカルト，1596–1650)．また，平方や立法が a^2, a^3 という累乗の記法で表されるようになりましたが，それらが正方形の面積や立方体の体積という幾何学的な意味から切り離されて，a と同じ直線上の長さとして足したり引いたりしてもよいと考えられるようになります (デカルト)．さらに，**関数**という変化を形式的に表す概念が出てきます (ライプニッツ，1646–1716)．

このような流れのなかで，ガリレオ (1564–1642) は落体の実験や振り子の同時性を通じて「変化するものに法則がある」ことを見抜きます．17世紀後半にはニュートン (1642–1727) とライプニッツがデカルトやフェルマー (1601–1665) などの後を受け，変化するものを扱う道具として**微分積分学**を創りあげます．また，ニュートンは**微分方程式**を使って，形式的に惑星の軌道が楕円であることを導びき出します．古代ギリシャのピタゴラス (B.C. 580–500) が「万物は数である」と唱えたことを想起させるような出来事です．楕円を描くということはすでにケプラー (1571–1630) により知られていたことでしたが，それはティコ・ブラーエ (1546–1601) の 30 年に及ぶ膨大な観測データを使って経験的に導びかれたものでした．それまでは，神の創った宇宙の天体の軌道は完全なる円であると考えられていました．ニュートンの結果は楕円を描く「からくり」についてまで答えており，ニュートン力学および微分方程式 (微分積分学) の有効性を示すものでした．

これ以降，微分方程式の基となったニュートン力学的世界観は広くいきわたり，微分方程式を通して自然をモデル化していくことになります．その世界観とは「もし巨大な知性が存在して，ある瞬間における宇宙の全原子の位置と速度がわかれば，不確かなものは何もなく宇宙の過去も未来もすべてわかってしまう」という「決定論的な世界観」です．このことを明確に述べたのはラプラス (1749–1827) です．

18 世紀後半以降には，流体や弾性体などを扱う「偏微分方程式」も誕生し，バイオリンの弦の振動 (波動方程式)，熱の流れ (熱伝導方程式)，流体の流れ (ナビエ–ストークス方程式)，電磁気の変化 (マクスウェルの電磁方程式) など

が次々と微分方程式で表されるようになります．それらの微分方程式から電磁波の存在が予言されたことが，現在の無線・ラジオ・テレビ・携帯電話などに続いています．天気予報も，気象現象を偏微分方程式でモデル化して得られる情報が使われています．

社会科学方面では経済学者マルサス (1766–1834) が人口の変動を初めて数理的に分析し，急激な人口増加による人類の危機を指摘したのが有名です．毎年の人口増加率が一定 (差分方程式になる) ということから，「人口は幾何級数的 (1, 2, 4, 8, 16, ...) に増加するのに対し，食料供給は算術級数的 (1, 2, 3, 4, 5, ...) にしか増えない」という結論を出しています (1798)．その後，生物学者ベアフルストは，それを修正して人口が過密になれば増加が抑制されることを考慮した微分方程式を導き，人口が頭打ちになる可能性があることを示しました (1838)．

最近では，1970 年代初頭に金融におけるオプションの合理的な価格を求めるという困難な問題に，ブラック，ショールズ，マートンらが (確率) 微分方程式を使って成功します (1997 年度ノーベル経済学賞受賞)．そのことによりオプションその他のデリバティブ (派生証券) の取引きが活発になり，また金融工学や数理ファイナンスなどと呼ばれる新しい学問分野が誕生します．

このように，人類が数理的な手法によって本格的に変化を捉えようと試みたのは 400 年ぐらい前のことであり，100 年ほどを経て微分方程式という道具を使ってなんとか様々な現象を捉えることに成功してきたわけです．人類の長い歴史に比べればつい最近の新しい出来事なのです．

現在は「カオス」，「非線形」，「複雑系」などという言葉も聞かれるようになりましたが，それらの言葉も，微分方程式の底流にある決定論的な世界観から出てきたものです．しかし，これらへの理解が進むとともに決定論的な世界観の限界も意識されてきています．

また，今までは主に現象を理想化して「連続的」に捉えて「微分方程式」で表してきましたが，最近はデジタルなコンピュータの発達に助けられて，本来離散的な現象は「離散」のまま「差分方程式」で表すことで変化の様子を調べるようになってきています．その結果，差分方程式は微分方程式より多様な変化を示すことがわかりはじめています．

1.2　現象を理解する基本的な枠組み

　この節では,「微分方程式とはどういうもので,何を対象としているのか」をなるべく言葉だけで説明したいと思います.そのために,現象を理解するための基本的な枠組みと考え方を述べていきます.

1.2.1　局所と大局（分析と総合）

　ある現象に興味を持ちそれを理解したり予測したりしたいとき,なんの取っ掛かりもなければ,我々はまずその現象の「細部を見ていく」ことになります.**分析**的に考えていくわけです.現象の全体像を理解するのは難しいかもしれないが,その部分ならなんとかなりそうだというわけです.次に,その部分の理解をもとに,それらを次々と「積み重ねて」いって全体像へ迫ろうということになります.**総合**です.いくつかの例をあげましょう.

例1.　10万円を年利5%で預けた場合の20年後の預金総額を知りたいとき,すぐにはわかりません.1年間の預金額の変化を意味している年利5%という情報を積み重ねていくことで求めることになります.

例2.　ある会社のこれから1週間後の株価は,各時刻ごとの株価の変化の積み重ねの結果として決まってきます.

例3.　かぜを引いて寝込んだとき,体温が急激に上昇すると心配しますが,少しでも下がると安心したりします.かぜが直ったときの体温は,それらの変化の集積としてあるわけです.

例4.　目的地までの車での移動時間を予測するとき,渋滞の具合や高速道路の利用とかを勘案して,まず平均時速の見当をつけます.次に目的地までのおおまかな距離を平均時速で割って移動時間の目安とします.走っているときの（瞬間的な変化を表す）速度のほうが,全体的な変化を表す移動時間より捉えやすいからです.

例 5. ある国の 50 年後の人口を予測したいとき，期間が長すぎてすぐに答えを出す自信はありません．まずは，捉えやすい (観察しやすい) 短い期間における人口の変化を考えます．それがわかったら，その短い期間の変化を次々とつなげていくことにより 50 年後の人口を予測します．これなら，少し自信をもって答えられそうです．

　全体的なことを大局的，部分的なことを局所的といったりもします．これからは，「大局」や「局所」という改まったいい方を使うことにしましょう．上の例からわかることは，**大局**とは「長い時間の**変化**」に対応し，**局所**とは「(より) 短い時間の**変化**」に対応していることです．長い時間であれば調べるのに時間がかかり，短ければすぐにわかるので，大局は捉えづらく局所は捉えやすいということです．ここで，大局や局所は相対的な言葉ですが，局所は「なるべく短い時間」ほどよいことになります．

　もちろん，大局は考えている全体ですから「1 つ」ですが，局所は「たくさん」あります．それらたくさんの局所から大局は構成されています．

　以上をまとめると，現象を理解する「枠組み」は次のようになります．

> 現象を「大局」とみて，まず，捉えやすい「局所」を次々と調べていく (分析)．次は，逆にそれら「局所」の理解を次々と「つなげていく」ことにより (総合)，「大局」の理解に迫る

　ここで，「局所に関して規則性や法則性がある」(または，見つかった) とき，それを形式的に表したものを**微分方程式**や**差分方程式**と呼んでいます (これからは両方の場合は「微分・差分方程式」と書くことにします)．また，「大局の様子は**表**や**グラフ**にして表すとわかりやすい」ですが，それらは形式的には**関数**として扱われます．局所を「つなげていく」ことを「**解く**」といいます．

　したがって，上の枠組みは次のように言い換えられます．

> 現象の局所を調べて「微分・差分方程式」をたて (分析)，その「微分・差分方程式」を「解く」ことで「関数」を求め (総合)，大局を理解する

つまり，

関数を求めることが目標

ということになります．

分析・総合や局所・大局は，どこにでも適用できそうな基本的な考え方です．したがって，微分・差分方程式も基本的であり，原理的にはどんな現象にも適用できる便利な道具ということになります．

もう少し詳しく述べてみると，微分・差分方程式は，その目標である未知の関数を使って表されます．つまり，大局である未知の関数を「わかったつもり」になって，局所の規則性を表したものが微分・差分方程式です．関数をわかったつもりになれば，局所はそれを使って表すことができるからです．したがって，微分・差分方程式は関数を未知とする方程式となり，その微分・差分方程式を満たす関数を求めることが (微分・差分方程式を) **解く**ということになります．つまり，微分・差分方程式の解とは関数のことです．

ちょうど，中学校で習ったように未知数を使って方程式をたて，それを解くことで答えを求めたのと同じことです．ただ，微分・差分方程式の場合は，求めるものが数ではなく関数 (という表やグラフのようなもの) というわけです．しかし，今はこれらのことを正確にわからなくても気にしないでください．ここではおおまかな感じだけを述べています．

また，次のような例もあります．

例 6. 地球の形を考えます．普段何の問題もなく生活しているのは，われわれが局所 (地面) を平坦と思っているからですが，それの連なりとしての大局 (地球) は平坦ではなく丸いわけです．

> コメント
> この場合の局所・大局は (時間の変化に関してではなく) 場所の変化に関してですが，同じように考えられます．

この例は，局所と大局の関係の難しさを表しています．つまり，

> 大局は局所の積み重ねからできているが，大局はそれ「独自の構造」があり，局所の集まりから簡単に出てくるとは限らない

また,

> たとえ局所に規則性があっても大局が秩序だっているとは限りません

これが，一般に微分・差分方程式を解くことの難しさを表しています．したがって，ほとんどの微分・差分方程式はその解を普通の意味で(厳密に)「式の形で」求めることはできません．その場合は解を「近似的」に求めたり，「図形的」に求めたりということになります．それぞれコンピュータの計算能力や人間の高度なパターン認識力の助けを借りて解くわけです．しかし，まずは現象を分析して微分・差分方程式をたてることが大切です．

それでは，簡単な例を使って微分・差分方程式を具体的に見ることにしましょう．

1.2.2　単　利　預　金

次の預金の例題を考えるのに差分方程式と微分方程式をそれぞれ使ってみます．説明でわからないところがあっても，とにかく読み進めてみてください．

例題1　10万円を毎年3千円の利子が付く預金に預けた場合，5年後の預金総額を求めなさい．

　コメント

　　この預金は，元金10万円で年利3%の単利預金といいます．**年利3%**とは1年間の金利が3%，つまり1年間につく利子は「元金」10万円の100分の3 (3千円) ということです．ここで，**元金**とは利子の計算の際の元になる金額のことです．**単利**とは，利子を計算するときの「元金」がいつも最初の預金額と同じで変わらない場合です．これに対して，一定期間後の利子を元金に足して次期の元金とするものを**複利**といいます．したがって，単利では利子額はいつも一定で変化しませんが，複利では利子額が変化していきます．

a. 差分方程式の場合

5年間の預金総額の変化の様子が「大局」であり，答えはそれから求まります．大局は表やグラフにしておくと便利です (図 1.1)．

「毎年3千円の利子が付く」というのが「局所の規則性」を表しています．この場合の「局所」とは「1年間における変化」であり，「どの年も利子が同じという規則性」があります．したがって，この例題は

「最初の預金額」と「局所の規則性」から「大局」を求めなさい

といっていることになります．

ここでは1年ごとという飛び飛びの時刻だけを考えていますが，そのような時間を**離散時間**と呼んでいます．そして，離散時間における局所の規則性は，**差分方程式**で表されます．

この場合，「毎年同じ3千円の利子が付く」というのが「差分方程式」となります．ここで，利子である1年間の預金額の差のことを一般に**差分係数**と呼びます．それが局所であり，「毎年の差分係数が同じ」という規則性が「差分方程式」ということになります．**差分**という言葉を使うのは，局所を(1年間の預金額の)差として捉えているからです．また，最初の預金額のことを一般に**初期条件**あるいは**初期値**といいます．

このように言葉を決めると，この例題は

差分方程式を初期条件のもとで解いて関数を求めなさい

と述べられます．

関数とは表やグラフのことであり，もちろんそれがわかれば5年後もわかります．表やグラフはどちらも「時間と預金額との間の対応関係」を表していると解釈できますから，正確には

関数とは，「対応関係」そのもの

のこととなります．

この例題の求め方は簡単で，最初の預金額に毎年の利子を必要な回数だけ足していくわけですが，それが差分方程式を**解い**ていることになります．つまり，

年	預金総額 (万円)
0	10
1	10.3
2	10.6
3	10.9
4	11.2
5	11.5

(a) 表

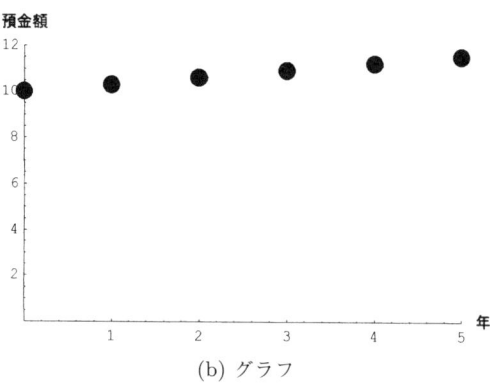

(b) グラフ

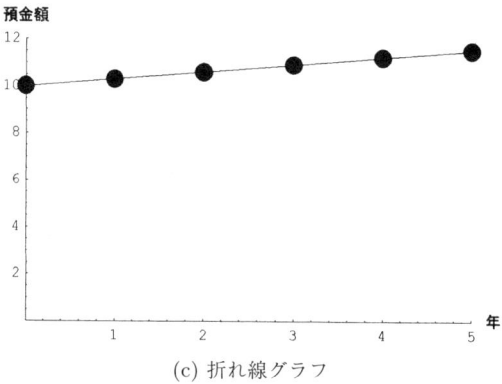

(c) 折れ線グラフ

図 1.1　5 年間の預金額の表，グラフ，折れ線グラフ

計算との対応はこんな感じです（お金の単位は 1 万円としています）．

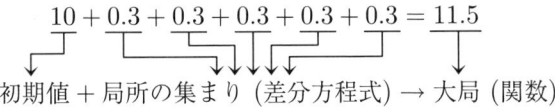

この式を図で解釈すると，初期条件の点から出発して，利子を次々と足して隣の点を作っていけば大局である**グラフ**が得られるということです．このグラフは飛び飛びの**点の集まり**ですが，点を結んで**折れ線**グラフにしてみれば，1年間の差である差分係数 0.3 は**各線分の傾き**を表していることになります．この場合は，差分係数はみな同じなので，結果的に折れ線グラフは傾き 0.3 の**直線**になります．

以上のように，局所・大局の考え方から「差分方程式」という言葉が出てきました．それでは，「微分方程式」はどのように考えれば出てくるのでしょうか．

b. 微分方程式の場合

時間を 1 年ごとだけでなく，「連続的」に考えることにします．そのような時間を「離散時間」に対して**連続時間**と呼びます．われわれが普通に時間に対して抱いているイメージのことです．

連続時間で考えるために，1 年に満たない場合の利子は，期間に比例して増えていくと考えることにしましょう．そして，ちょうど 1 年経つと利子が 3 千円になるとします．

「大局」は預金額のグラフです（図 1.2）．この場合は，直線となります．時間はいくらでもありますから，表を作るのはあきらめましょう．

この場合の「局所」は何でしょう．離散時間の場合は飛び飛びの時間ごとなので，局所はその 1 年間の変化のことでした．連続時間の場合は連続的な時間の流れであり，離散の場合のような特定の時間間隔がありません．したがって，次のように考えます．

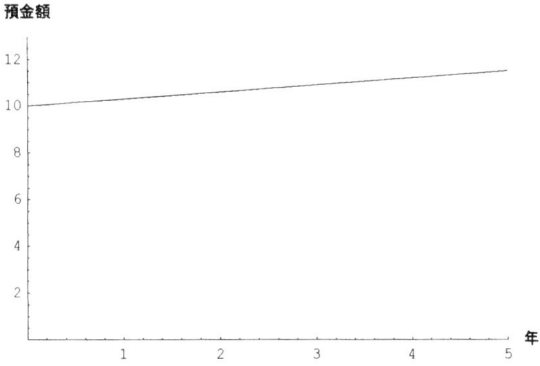

図 1.2　連続時間のグラフ：傾き 0.3 の直線

> 局所は「なるべく短い時間」ほどよいから，最も短い時間である**瞬間**に関することとする

したがって，局所とは「瞬間の変化」ということになります．この場合は「瞬間における預金額の変化」ということです．しかし，「瞬間」では変化が捉えられませんから，瞬間を**微かな時間**と解釈することにします．「微かな時間」は，我々人間には「瞬間」にしか思えないというわけです．連続時間を「微かな時間」ごとの離散時間と見ていることになります．

「瞬間の変化」を捉えるために，「年 3 千円の利子が付く」というのを預金額の増加する「速さ」と見ます．つまり，利子 (預金額の差) と時間との比

$$\text{速さ} = \frac{0.3\,\text{万円}}{1\,\text{年間}} = 0.3 \quad (\text{万円/年})$$

のことです．この速さは**瞬間の速さ**を表していると考えられます．この場合は利子が期間に比例しているので，いつも預金額の増える速さは 1 年間に 3 千円増える速さと同じだからです．

つまり，「微かな時間」の間の預金額の増分を**微かな増分**とすれば

$$\text{「瞬間の速さ」} = \frac{\text{「微かな増分」}}{\text{「微かな時間」}} = \frac{0.3\,\text{万円}}{1\,\text{年間}} = 0.3 \quad (\text{万円/年})$$

ということです．

以上より,「局所」は「瞬間の速さ」のこととなります.これを一般に**微分係数**といいます.速さの単位を固定しておけば省いてもよいですから,0.3 がそれを表しています.**微分**という言葉を使うのは,局所を「微かな時間 (瞬間)」で捉えているからです.図形的には,「瞬間の速さ」は比をとっていることから微かな時間の間の「**微かな線分の傾き**」となりますが,それを簡単に**瞬間の傾き**といいましょう.このように考えると,この例題は

> 最初の預金額から出発して,どの瞬間も同じ「速さ」(0.3 万円/年) で
> 預金額が増えていくときの預金総額の変化を求めなさい

と解釈できることになります.

ここで,「どの瞬間の速さも同じ (0.3 万円/年)」,つまり,「微分係数がいつも同じ (0.3)」というのが「局所の規則性」であり,これが**微分方程式**となります.図形的には,「どの瞬間の傾きも同じ (0.3)」ということです.したがって,この例題はさらに

> 微分方程式を初期条件のもとで解いて関数を求めなさい

と言い換えられることになります.

微分方程式の**解き方**は,初期値に「微かな増分」を次々と「微かな時間」ごとに,つまり**連続的に足す**イメージです.ところで,「微かな増分」は

「微かな増分」=「瞬間の速さ」×「微かな時間」= 0.3 ×「微かな時間」

ですから,今の言葉を式にすると次のようになります.

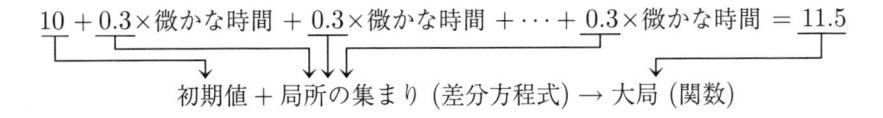

$$10 + \underbrace{0.3 \times \text{微かな時間} + 0.3 \times \text{微かな時間} + \cdots + 0.3 \times \text{微かな時間}}_{\text{初期値 + 局所の集まり (差分方程式)} \rightarrow \text{大局 (関数)}} = 11.5$$

ここで,瞬間はいくらでもあるので,それを … で表しているつもりです.ちりも積もれば山となって大局になるというわけです.

図形的には,初期条件の点から出発して,「瞬間の傾き」をもつ「微かな線分」を次々とつなげていくと非常に細かい「折れ線グラフ」が得られるということ

です (図 1.3). つまり, 連続な「グラフ」を非常に細かい「折れ線グラフ」と見ていることになります. この場合は, どの「瞬間の傾き」も 0.3 で同じですから, 結果的に「グラフ」は傾き 0.3 の直線になります.

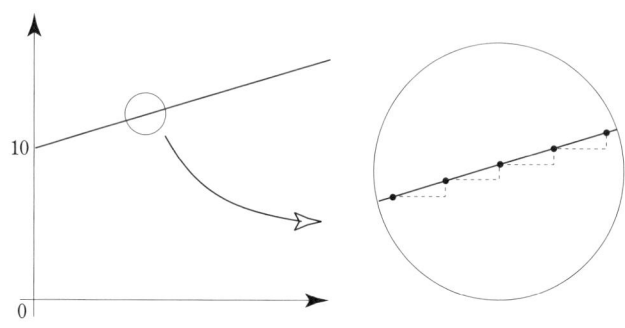

図 1.3　連続時間のグラフとその拡大図

コメント

離散時間の場合も, 局所を「速さ」と考えることができます. つまり, 0.3 を 1 年間における「平均の速さ」(万円/年) を表していると見ます. したがって, 0.3 (万円/年) に 1 (年) をかければ, 1 年間の利子 0.3 (万円) となりますから

$$10 + 0.3 \times 1 + 0.3 \times 1 + 0.3 \times 1 + 0.3 \times 1 + 0.3 \times 1 = 11.5$$

と書けます. 図形的には, 0.3 は「1 年間の傾き」です. したがって, 0.3 の「傾き」の線分を出発点から次々とつなげていくことに相当します.

以上のように, 考え方の基本は捉えやすい局所から見ていくという当たり前のことですが, その局所を突き詰めていくと最終的に「瞬間」にたどりつくというわけです.「瞬間」が最も短いですから, すぐにわかる理想的な局所ということです.

「差分方程式」はわかりやすいのに対し,「微分方程式」が難しく思えるのはこの「瞬間」を考えているからだと思います. 直感的にはわかるが, 扱うとな

ると面倒なわけです．しかし，微分方程式が局所・大局の考え方の理想形ですから，それを利用しないのはもったいないことになります．

　微分・差分方程式の考え方をつかんでもらうために，あえて簡単な例題を使って説明を試みてみました．しかし，簡単なことを難しく述べすぎたかもしれません．普通は，この例題を解くのに微分・差分方程式を使ったりはしないでしょう．しかし，普通の解き方も局所・大局の考え方を無意識のうちに使っていると考えられます．それをここでは (無理やりかもしれませんが) 明示的に示したことになります．

　ところで，「微かな時間」や「連続的な足し算」などのよくわからない言葉を使いましたが，気にしないでください．2 章で，この例題を再び使って，形式的な記号を紹介しながら説明し直します．少しずつ慣れていくと思います．

　次の問題は文脈は違いますが，今の例題と同じように考えられます．局所・大局という観点から微分・差分方程式などの言葉を使って説明してみてください．

問題 1. いつも時速 60km で走っているとき 5 時間後の走行距離を求めなさい．

1.2.3　微分・差分方程式の様々な適用例

　ここでは，実際的に微分・差分方程式が使われている例を紹介します．前の例からはかなり飛躍しますが，細かいことがわからなくても雰囲気を感じてもらえれば十分です．最初の 2 つの例は，3 章と 4 章でそれぞれ詳しく取り上げます．

例 7. 預金する場合，複利が一般的ですが，考え方は単利の場合と同様です．元金をある金利で預けるわけです．金利は局所に関する規則性を示しており，預金総額の変化が大局です．したがって，預金総額を求めるためには，金利の条件を「微分・差分方程式」で表して，それを初期条件 (元金) のもとで解いて関数を求めればよいことになります．

例 8. 人口予測をする場合，まずは短い期間における人口の変化の様子を考えて法則性を見つけようとします．もし見つかれば，それを「微分・差分方程式」

にして解くことで，大局である将来の人口の変化を予測します．

マルサスは200年ぐらい前に人口の増加率がいつも一定という法則を仮定して，食料供給を上回る人口の増加を予想し人類の危機を訴えました．また，ベアフルストはそれを修正して抑制された成長を表す微分方程式を導き，その解としてS字カーブのような**成長曲線**を与えました (1837)．彼はそれを使って，100年間 (1940年まで) のアメリカの人口を推定しましたが，それは実際の人口の推移をかなりの精度で当てたそうです．後に，アメリカの生物学者らも独立にその微分方程式を発見した (1920) ためか，現在それらは**ロジスティック方程式**や**ロジスティック曲線**と呼ばれていますが (ロジスティックとは物流の意)，経済成長や商品の普及過程などの様々な成長現象を表す基本的な方程式として知られています．

コメント
　ロジスティック方程式に対応する差分方程式はカオスとの関連で有名ですが，今でも研究されています．

例9．株価の動きを捉える場合も基本的には同じです．株価の変化する要因は非常に複雑なので，それを決定論的に捉えることはあきらめて，確率的におおまかに捉えることになります．たとえば，短い時間における変化は，ある程度予測できる部分にまったく予測不可能な (確率的に捉えるしかない) 部分が加わってできていると考えます．そして，そこにさまざまな理想化された仮定を入れることで，「(確率) 微分・差分方程式」を導きます．したがって，これを解けば株価の変化の大まかな傾向が確率的に得られることになります．

コメント
　一般には厳密に解くのは難しいので，コンピュータなどを使い近似的に解くことになります．普通の意味で解けるのはかなり単純化した場合ですが，ブラック，ショールズ，マートンらによって用いられた株価変動のモデル (**幾何ブラウン運動**) はそのような例です．

例10．株式オプションの価格付けという問題があります．ある株式を，将来のある定められた日 (**満期日**) に，ある定められた価格 (**行使価格**) で購入できる

「権利」のことを**オプション**といいますが，それを (現時点で) 売買したいとき，その「権利」の「合理的な価格」をいくらにしたらよいのかという問題です．

株価が満期日に行使価格より上がると予想している人にとっては，満期日に株が安く買えることになるのでオプションの価値は高く，行使価格より下がると予想する人にはオプションの価値はないことになります．以上より，オプションの価値は (将来の株価に依存しており) 不確定性を持つわけであり，したがって，皆が納得できるような価格を前もって付けることができるのかということになります．もちろん，その「権利」を市場に出せば (需給の関係で) ある均衡価格が決まってくるのでしょうが，その前に価格の目安を知っていれば (捉えどころのない) この「権利」を安心して売買できることになります．ブラック，ショールズ，マートンらは，株価の変動に関して単純化したモデルを使いましたが，この難問を解くための考え方を示し，実際に解いたわけです (1970年ごろ)．

つまり，現時点での株価と (満期までの) 残存期間だけで決まるオプションの「合理的な価格」があると仮定します (大局)．そして，その価格の短い時間 (微かな時間) における振る舞いを調べます (局所)．すると，オプション価格の予測できない部分が株価の予測できない変動でうまく打ち消せることがわかるのです．したがって，そのポートフォリオ (オプションと株の組合せ) を組めば，短い時間においてそれは確定的な動きをすることになります．つまり，確率的な要素を含まない普通の「偏微分方程式」で表されることになります．後は，それを解くことでオプションの「合理的な価格」が出てくるというわけです．

コメント

この偏微分方程式は，幸いに厳密に解くことができます．その解は，「ブラック–ショールズ–マートンの公式」として (関数電卓にも組み込まれ) 実務にも利用されています．

例 11. **惑星の運動**を考えます．ニュートンの運動法則や万有引力の法則は局所の法則であり，惑星が太陽の周りを楕円軌道を描いて動くというケプラーの法則は大局の法則です．ニュートンはその局所の法則を発見し (17 世紀末)，それを使って惑星と太陽の関係を「微分方程式」にして「形式の世界」で解くことに

より，「現実の世界」のケプラーの法則を導びきました．ここで，微分方程式にするとき，太陽や惑星の大きさは無視して点と見るという単純化をしています．

ところで，楕円軌道というのは惑星と太陽という 2 体間のみを考えた場合です．実際には他の惑星の影響も少しはあるので，厳密な軌道は楕円からずれることになります．しかし，たとえば 3 体間の関係を表す微分方程式を書くことは簡単にできますが，その解である軌道はとても複雑でカオスと関連し一般的に求めることはできないことが知られています．これは「3 体問題」といわれますが，2 個の関係なら解けて 3 個の関係となると難しくなるというのは，人間関係のようです．

例 12. 天気予報について述べます．大気の運動の (時間と空間に関する) 局所的法則は知られており，したがって「偏微分方程式」で表すことができます．観測から得られる大気の現在の状態を初期条件として，その微分方程式を解くことができれば，大気のこれからの状態を予測できることになります．

気象庁は，この考えのもとで微分方程式を使って得た情報を天気予報に役立てています．

> **コメント**
> この微分方程式も厳密には解けません．計算量が多いので，スーパーコンピュータなどを使い近似的に解いています．観測には必ず誤差が入るし，微分方程式自体も現実を理想化しているわけですから，近似でもかまわないのですが，その予測が当たるかどうかは別問題となります．カオスと関連するため，長期予報は原理的に不可能といわれています．実際，コンピュータの能力が発達した現在でも，その信頼性はせいぜい 3, 4 日程度だそうです．

これらの例から感じられると思いますが，微分方程式とは「現実世界」の興味のある現象を処理しやすい「形式の世界」に「投影」したものです．形式の世界はさらに「数の世界」に還元されていきます．その意味で，微分方程式を現象の**数理モデル**といったりします．また，特に差分方程式を**離散 (時間) モデル**，微分方程式を**連続 (時間) モデル**といいます．もちろん，時間や空間を含んでモデル化されますから，形式の世界でいくらでも時間を早送りしたり空

間を飛び回ったりすることができるわけです．したがって，その結果を元の現実世界に戻せば予測などというかたちで役にたつことになります．

　しかし，モデル化するためには現象をなるべく単純化して本質的な部分だけを切り取り，さらにその部分を理想化したりします．したがって，モデルの結果を現実世界に適切に戻すためには，そのモデル化の特徴を十分わきまえておくことが必要です．

　ところで，モデルは他にもいろいろなものがあります．プラモデルもそうです．また，人間は現象を直接見ているわけではなく，五感で得た情報を頭の中で統合したモデルを通して見ているわけです．そして，そのモデルを日常言語などを使い小説，絵画，音楽として表現したり，形式言語を使って微分方程式で表したりしていると考えてもよいでしょう．

2

現象の形式化
―関数と微分・差分方程式―

　関数は大局を，微分・差分方程式は局所の規則性を表しました．この章では，1章の単利預金の例をもとにして，関数と微分・差分方程式の形式的な扱い方とその解き方を述べます．

2.1 関　　　数

　関数とは表やグラフと同じく，2つのものの間の「対応関係」を表したものです．ここでは，便宜上，離散時間と連続時間の場合に分けて関数を説明することにします．

　ところで，世の中のものはお互いに関係し合っています．現象を理解するとはその関係を捉えることです．関数はその関係を「対応関係」という立場から見ています．したがって，関数はどこにでも出てくるし，現象を理解するための基本的な概念ということになります．たとえば，関数の考え方はソフトウエアプログラミングにおいても重要です．

2.1.1　離散時間の場合

　預金額の変化を離散時間変化として捉えます．それを表す「関数」は，時間と預金額の間の「対応関係」のことですが，時間も預金額もそれぞれ様々な値をとるので，それらの間の対応もたくさんあることになります．よって，「関数」に関しては次の2つのことを考慮する必要があります．

1) 預金額と時間は，それぞれ変化し様々な値をとる．
2) 預金額は時間に対応して決まる．

最初は「変数」，次は「関数」という概念が対応します．それぞれを説明していきましょう．

a. 変数について

預金額は様々な値をとるので，それらの具体的な値を「代表する値」というものを考えます．代表しているので，逆にどんな値にもなれるというわけです．それを一般に**変数**といい，特定するために名前 (**変数名**) を付けて使用します．

したがって，「預金額」という日本語自体をそのような名前と考えれば，変数ということになります．われわれは変数を無意識に使っているわけです．しかし，残念ながら数学の世界ではアルファベットやギリシャ文字を使う習慣があるので，たとえば，ローマ字綴りで「yokingaku」や「okane」，英語なら "savings" や "money"，またはそれらの頭文字「y」，「o」，「s」，「m」などを使うことになります．ここでは預金額の変数名を okane としておきます．変数名は，どのように付けてもよいのですが，最初のうちは何の数値を代表するものかがわかるほうがよいでしょう．

> **コメント**
>
> 変数名は，あまり長いと扱いづらくなります．また，たとえば ab とすると a と b の積と解釈される可能性もあるので，普通は 1 文字にします．中学・高校の教科書では，どんな数値でも x や y を使っています．ここでは，簡潔さよりわかりやすさや馴染みやすさを優先して okane としてみました．ソフトウエアプログラミングにおいては，わかりやすさを優先するのが普通です．それは一度にたくさんの変数を使うので，変数名から意味が汲みとれないと困るからです．

ここで，変数 okane は連続的な値をとれるものと理想化します．お金は 1 円の次は 2 円というように離散的ですが，頭の中では 1 円以下 (銭，厘，毛のように) いくらでも小さいお金が考えられます．整数だけでなく小数のお金も考えているということです．それらの数を総称して**実数**といいます．グラフでいえば，預金額の軸上のどの点の値もとれるということです．数が目盛られている

(a)

(b)

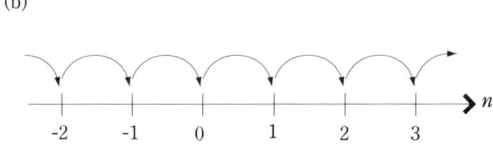

図 2.1　数直線 ((a) 連続的な変数 $okane$, (b) 離散的な変数 n)

そのような軸を一般に**数直線**といいます．つまり，変数 $okane$ は数直線上の任意の実数をとれます (負の場合は借金をしているとしておきます) (図 2.1(a))．

また，お金の**単位**は自由に設定できますから，1 万円を単位とすれば，12 万 5 千円なら，変数 $okane$ の値は 12.5 となり

$$okane = 12.5$$

と書きます．これを変数に値を**代入する**といいます．預金額が 1 円なら

$$okane = 0.0001$$

です．しかし，百万円を単位にすれば，それぞれ

$$okane = 0.125$$
$$okane = 0.000001$$

となります．このように，金額は同じでも単位が変われば数値は異なってきますから，何を単位にするかは重要です．

変数は数値の入る「入れ物」と考えてもよいです．たくさんある「入れ物」をそれぞれ区別するためにその「入れ物」に名前 (変数名) を付けておくということです．プログラミングのときの変数名は，実際に「入れ物」の場所を指して

います．

　離散時間も預金額と同様に変数と考えます．離散時間は整数で表されることを確認しておきます．毎年の変化ならば，基準になる年を決めておいてその年を 0 とし，1 年を単位 1 とします．すると，5 年後は 5 とか 10 年前は -10 のように表せます．しかし，毎月の変化を見たいならば，1 か月を単位とし，半年後は 6，5 年後なら 60 となります．

　このように現象に応じて基準 0 と単位 1 を適当に定めれば

$$\text{離散時間は整数 } (\cdots, -2, -1, 0, 1, 2, 3, \cdots) \text{ で表される}$$

ということになります．数直線上では，飛び飛びの点に対応します（図 2.1 (b)）．

　時間を代表する変数名は，たとえば $time$, $jikan$ や t, j などが考えられますが，離散時間の場合は n や k や i などを使うことが多いようです．ここでは，習慣に従って $\boldsymbol{n}$ を使うことにします．例題は毎年の変化を見ているので，5 年後なら

$$n = 5$$

となります．

　以上で，預金額と時間をそれぞれ変数として捉えました．変数はいくらでもある数値を 1 つの記号にして表す「トリック」のようなものです．慣れてしまえば便利なので当たり前のように使いますが，それだけにすごい概念です．

　　コメント
　　　変数の解釈の仕方は自由です．変数という名前が示すように，「変化する数の代表」として使うのが一般的です．しかし，「ある固定した数を想定しているが，その数は何でもよい」というようなときにも使います．したがって，変数が使われているときは，それが変化するものとして使われているのか，それとも固定されたものとして使われているのかを区別することが大切です．同じ変数でも，途中から解釈が変わることはよくあります．どう使われているのかは，文脈から読みとります．

b. 関数について

関数を表すには，各時間ごとに対応している預金額をすべて示す必要があります．しかし，時間はいくらでもあるので，それらの対応をすべて列挙するわけにはいきません．したがって，次のように考えます．

> 「時間から預金額への対応」という抽象的なものを考えて，とりあえずそれに名前を付けておく

ここでは，その名前を *yokin* としましょう．すると，時間と預金額はそれぞれ変数 n と *okane* で代表されているので，時間 n から預金額 *okane* への対応が *yokin* ということになります．それを形式的に

$$yokin : n \rightarrow okane$$

と表すのです．これは，変数 n と *okane* を使っていることから，各時間の預金額をすべて表していると解釈できます．これが**関数** (を形式的に表したもの)です．*yokin* は関数の名前 (**関数名**) であり，関数そのものを表しています．

> コメント
> 　関数名の付け方も変数名と同じことが当てはまります．対応の意味を表しているような名前がわかりやすいのですが，特定の関数名 (sin, cos, …) 以外は1文字で表すのが普通です．中学・高校の教科書では，f や g を使っています．ここでは，わかりやすさを優先して *yokin* としました．プログラミングにおいては，変数名と同様わかりやすさを優先します．

関数において，2つの変数は役割が違います．預金額を表す変数 *okane* は，時間の変数 n の値に依存して変わるので**従属変数**といい，それに対して変数 n は**独立変数**と呼ばれます．

> コメント
> 　「対応関係」という言葉は「お互いに対応」しているというイメージですが，「関数」という言葉を使う場合は，その対応は「一方通行」です．たとえば，関数 *yokin* は「時間から預金額への対応」であり，「預金額から時間への対応」ではありません．したがって，関数を使う場合はその対応の「向き」に注意する必要があります．出発する方の変数を独立と呼び，もう一方の変

数を従属と呼ぶのもそのためです.

また, 関数は矢印を使わない等式による表し方もあります. 預金額 $okane$ は, 関数 $yokin$ で時間 n に対応しているものです. そこで, 関数 $yokin$ で時間 n に対応するもののことを括弧で区切って簡潔に

$$yokin(n)$$

と書けば, それが預金額 $okane$ ですから

$$okane = yokin(n)$$

という等式が導かれます. もちろん, 左右を入れ替えて

$$yokin(n) = okane$$

と書いても同じです.

この場合, $yokin(n)$ とは (時間 n のときの) 預金額のことであり, 関数ではありませんが, 習慣的に「関数 $yokin(n)$」とか「関数 $okane = yokin(n)$」といういい方もします. また,「$okane$ は n の関数」ともいいます. 正確には, 関数とは $yokin$ という対応そのもののことです.

それでは具体的な対応を示してみましょう. それは, 変数 n と $okane$ に値を「代入する」ことで表せます. たとえば, 最初の預金額が 10 万円ということならば, 時間 n が 0 のときに対応する預金額 $okane$ が 10 ということなので

$$yokin : 0 \to 10$$

となります. 等式で表せば次のようになります.

$$10 = yokin(0) \quad \text{または} \quad yokin(0) = 10$$

また, 5 年後に預金額が 12 万 5 千円になるならば, 時間 n が 5 のときに対応する預金額 $okane$ が 12.5 ということなので

$$yokin : 5 \to 12.5$$

となり，等式では

$$12.5 = yokin(5) \quad \text{または} \quad yokin(5) = 12.5$$

となります．

1年と1万円を単位としましたが，半年と百万円が単位ならば，5年後に12万5千円は

$$yokin : 10 \to 0.125,$$
$$0.125 = yokin(10) \quad \text{または} \quad yokin(10) = 0.125$$

となります．

関数 *yokin* のグラフとは，1章で見た預金額の変化を表すグラフのことであり，飛び飛びの時間ごとの「点の集まり」です．しかし，それでは変化の様子が見づらいので，普通は隣の点同士を線で結んで「折れ線グラフ」にします．

> **コメント**
> 関数の対応を「入力」に対する「出力」と見れば，独立変数は入力であり従属変数は出力です．そのとき関数は入力を出力に換える「はたらき」をもつものと解釈できます．関数の英語名 "function" は，この「はたらき」を意味しています．たとえば，ソフトウエアは入力に対してある「はたらき」をするものなので関数と見なせます．

以上のように，関数のこの形式的な表し方は，いくらでもある対応を変数というトリックを使って1つにまとめたものです．実際に対応がすべて「わかっていなくても」，対応に名前をつけることで「わかったつもりになれる」のがよいところです．

ここで，関数が「わかる」とか「求まる」というのはどういうことか確認しておきましょう．それは「具体的な対応関係がすべてわかる」ということです．「関数を求める」ことは大局を知ることですから，最も重要なことです．

たとえば，関数 $yokin$ が「わかる」とは，変数 n が表す年はいくらでもあるので，「無限にあるすべての年に対して，それぞれに対応する預金額がわかる」ということです．したがって，「わかった」ことを示すためには，それら無限個

の対応をすべて表す必要があります．

　理想的なのは，それらの対応がすべて 1 つの「式」で簡潔に表現される場合ですが，それはそれらの対応すべてに共通する「からくり」があるということですから，一般にはとても稀なことです．しかし，中学・高校では式で求まる場合だけを考えています．たとえば，毎日の円の対ドル為替レートの変化の様子は「関数」と捉えられますが，日にちからレートが求められるような「からくり」があるとは思えません．したがって，一般には「具体的な対応をなるべくたくさん集めたり」，「グラフがおおまかに描ける」ということでわかったことにします．たとえ式の形で求まってもわかりやすいとは限らないので，これでもよいわけです．

　歴史的には，関数をこのように広く対応関係として捉えだしたのは 19 世紀からで，それまでは式で表現される場合だけを考えていました．

　　コメント
　　　ソフトウエアの入力と出力を結ぶのは「アルゴリズム」と呼ばれるものであり，それを考えることがソフトウエアという関数を作ることです．入力は様々な可能性があるので，それらにいちいち個別に対応しないで済むようにアルゴリズムという「からくり」を考えるわけです．その意味で式はアルゴリズムの典型です．

2.1.2　連続時間の場合

　ここでは，「連続時間」に関して確認しておきたいと思います．変数や関数などは，離散時間の場合と基本的に同じです．連続時間とは我々のイメージしている時間のことです．図形的には，数直線上を，離散時間が飛び飛びに動くのに対し，連続的に動くということです．数としては，離散時間の場合は「整数」でしたが，

連続時間は「実数」が対応

しています．

a. 連続について

もう少し連続 (や実数) について考えておきましょう．次のような2通りの捉え方 (「**動的**」と「**静的**」) があります．まず，連続時間の**動的な捉え方**です．たとえば，預金額を連続的に提示することなどできません．飛び飛びの預金額を提示できるだけです．つまり，離散なら捉えられますが，連続は捉えようがないわけです．「連続」とは，(頭の中だけにある)「理想化されたイメージ」といえます．したがって，預金額の変化を連続的に考えるといっても，現実的には「なるべく短い」時間間隔で考えるということになります．しかし，これではいくら短くしても，もっと短くしたほうがよいということになってしまいます．そこで，連続とはその切りのない究極を想像するということで「動的に捉える」しかないわけです．つまり，**連続時間**とは「なるべく短い」時間おきの離散時間を考え，その「なるべく短い」をさらに短くしていった**極限**として捉えるということになります．

連続時間の**静的な捉え方**とは，上の「なるべく短い」ということを「理想化」して，次のように考えます．時間には，これ以上分割できない最小単位の「微かな時間」があると想像します．連続な時間を離散的なものと見なすということです．ここで，「微かな」(「なるべく短い」も同様ですが) といえるためには比較できる基準がなければなりませんが，それが「単位時間」です．我々人間には，「微かな時間」は「瞬間」にしか思えません．神様には，「瞬間」は「微かな時間」の幅をもって見えると解釈してもよいでしょう．つまり，時刻と「隣の」時刻の間にはいつも「微かな時間」があるというわけです．それでは，時刻と瞬間の違いは何か？と考えたくなりますが，ここは「適当に理解」しておくことにしましょう．

この捉え方は，直線がそれ以上分割できない最小単位である「点」というものから構成されていると考えるのに似ています．グラフを考えるとき，時間の流れを数直線で表します．このとき，「時刻」が (時点ともいうように)「点」に，「微かな時間」が「微かな線分」にしたがって，点と「隣の」点の間にはいつも「微かな線分」があるという感じになります．

しかし，点も瞬間や時刻と同じくよくわからないものです．たとえば，点には大きさはないのでしょうか．大きさがなければ，いくら集めても直線にはな

らないように思うし，逆に大きさがあれば，もっと小さい点に分けられてしまいそうです．しかし，直線と直線がぶつかれば交点ができるので，直線は点から構成されると思うのは自然なことでしょう．以上のような考えは，古代ギリシャの時代にまでさかのぼれます．これらは，よくわからなくても「便利な言葉」なので使っているわけです．

b. 連続時間の関数

それでは，預金額の連続時間変化を考えましょう．離散時間の場合と同じように，「連続時間」を独立変数，「預金額」を従属変数として，その間の対応を「関数」として表現します．預金額は前と同じ変数名 ***okane*** を使うことにします．これは連続的な値 (実数) をとれました．連続時間を表す変数は，time の頭文字 t を使うのが普通です．この場合も，あるときを基準 (0) とし単位 (1) を適当に定めて数値化します．t も実数です．

たとえば，1年を単位とすれば，5年後，1か月後，1秒後はそれぞれ

$$t = 5$$
$$t = \frac{1}{12}$$
$$t = \frac{1}{365 \times 24 \times 60 \times 60} = \frac{1}{31536000}$$

のように表せます．

連続時間から預金額への対応を，連続 (continuous) の c を $yokin$ の後に添え字でつけて $yokin_c$ とすれば，この関数は

$$yokin_c : t \to okane$$

と表せます．これを等式で書けば，

$$okane = yokin_c(t) \quad \text{または} \quad yokin_c(t) = okane$$

です．

具体的な対応は，たとえば2年3か月後に預金額が11万1千2百5十円になるならば，3か月は1年の4分の1であり $1/4 = 0.25$ と表せるので，時間 t

が 2.25 のときに対応する預金額 $okane$ が 11.125 ということなので

$$yokin_c : 2.25 \to 11.125$$

または

$$11.125 = yokin_c(2.25) \quad \text{または} \quad yokin_c(2.25) = 11.125$$

と表せます．もちろん，分数を使ってもかまいません．

関数 $yokin_c$ のグラフは，連続的な「点の集まり」です．連続を動的に捉えれば，それは滑らかな曲線 (や直線) のように見えたりします．連続を静的に捉えれば，点同士は「微かな線分」で結ばれていますから，グラフは「微かな線分」を次々と結んだ「(超細かい) 折れ線グラフ」ということになります．しかし，われわれ人間には滑らかな曲線 (や直線) にしか見えないというわけです．このことを，ヨハン・ベルヌーイ (1667–1748) は次のように述べたそうです．

「すべての曲線は，無限に小さい直線を無限個集めたものである」

2.2 差分方程式と微分方程式

1 章の単利預金の例題を，「差分方程式」や「微分方程式」を使って解いてみましょう．この節の目的は，解くことそのものより形式的な記号の意味や使い方を示すことです．

まずは，差分方程式から始めます．基本的には「差分」と「微分」の話は平行に進みます．

2.2.1 差分係数と差分方程式

未知の関数は

$$yokin : n \to okane$$

です．この問題は負の年を考える必要はないので，n は $0, 1, 2, 3, \cdots$ の代表としておきます．

この場合の**差分係数**は翌年との預金額の差ですから，たとえば最初と 1 年目

2.2 差分方程式と微分方程式

との差，1 年目と 2 年目の差はそれぞれ

$$yokin(1) - yokin(0)$$
$$yokin(2) - yokin(1)$$

のように表現できます．

したがって，それらの代表として k 年目と翌年の $k+1$ 年目の差を考えれば

$$yokin(k+1) - yokin(k)$$

と書けます．これを一般に **k 時点での ($yokin$ の) 差分係数**といい，短く **$\Delta yokin(k)$** と書きます．つまり，

$$\Delta yokin(k) = yokin(k+1) - yokin(k)$$

です．この場合は，「k 年目における (次の年との) 預金額の差」となります．差をとるために自動的に k を動かして翌年を考えています．Δ (デルタ) は差を表す英語 "difference" の頭文字 D に対応するギリシャ文字です．

$\Delta yokin(k)$ は全体でひとまとまりであり，たとえば Δ と $yokin(k)$ に分けることはできません．しかし，**$\Delta yokin$** という新しい関数を定めたと見ることはできます．この関数は k に対して，その時点での $yokin$ の差分係数を対応させています．

ここでは，k という新しい変数を使いました．k も $0, 1, 2, 3, \cdots$ の代表です．大局 (関数) の場合は n を使い，局所 (差分係数) の場合は k を使うことで，わかりやすくしているつもりですが，もちろん同じ n のままでもかまいません．

各時点ごとに差分係数はあります．記号 $\Delta yokin(k)$ で，いくらでもある差分係数をすべて表したつもりになれるわけです．たとえば，最初に出た 0 年目と 1 年目の差分係数は，それぞれ k に 0 と 1 を「代入」したものです．つまり，次のようになります．

$$\Delta yokin(0) = \Delta yokin(k)|_{k=0} = yokin(1) - yokin(0)$$
$$\Delta yokin(1) = \Delta yokin(k)|_{k=1} = yokin(2) - yokin(1)$$

それぞれの式の第 2 項目は変数 k に値を「代入」することを表しています．

また，離散変数 k の隣との差 1 は，同様に $\mathbf{\Delta k}$ と書けます．この記号もこれで一体であり，Δ と k の積などではありません．計算上で示すと

$$\Delta k = (k+1) - k = 1$$

です．Δk はたとえば k が 0 のとき 1 ですが，記号にすれば

$$\Delta k|_{k=0} = (0+1) - 0 = 1$$

です．Δk の k に 0 を直接代入して $\Delta 0$ と書くことはしません．

ところで，差分係数は単位時間における**平均的な (増加の) 速さ**とも見られます．差分係数を単位時間 1 で割っても値は変わらないからです．つまり，

$$\Delta yokin(k) = \frac{\Delta yokin(k)}{\Delta k}$$

ということです．グラフ上では，$\Delta yokin(k)$ は，折れ線グラフの k 時点と次の時点とを結ぶ**線分の傾き**を表しています (図 2.2)．

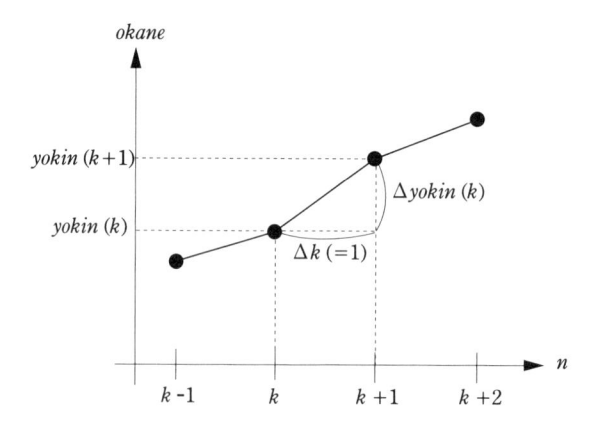

図 2.2　差分係数 $\Delta yokin(k)$ と折れ線グラフの傾き

以上のように記号化すると，この場合の**差分方程式**は「預金額の差がどの年も3千円」ということなので

$$\Delta yokin(k) = 0.3$$

と書けます．お金の単位は1万円としています．

この等式は変数 k に何の条件もないので，k がどんな値 $(0,1,2,3,\ldots)$ でも成立していることを意味し，したがって「差分係数がいつも3千円」というわけです．

2.2.2 差分方程式を解く

この差分方程式を解いて，関数 $yokin$ を求めましょう．解き方は，最初の預金額 (初期条件) に毎年の利子 (差分係数) を次々と足していきます．

関数は $okane = yokin(n)$ なので，関数を求めるには n 年目の預金額 $yokin(n)$ を求めればよいことになります．ここでの変数 n は，「固定して」考えています．しかし，n はどんな年でもよいので，これが求まればすべての年の預金額がわかったことになり，つまり関数が求まったことになります．

まず，**初期条件**は0年目の預金額 (10万円) のことなので

$$yokin(0) = 10$$

と表せます．

次に，たとえば3年目の預金額なら，最初の預金額に最初 (0年目) の利子を足し，次 (1年目) の利子を足し，さらにその次 (2年目) の利子を足して求まりますから，記号にすると

$$okane = yokin(3) = yokin(0) + \Delta yokin(0) + \Delta yokin(1) + \Delta yokin(2)$$

となります．

同様に考えれば，n 年目の預金額は，最初の預金額に0年目から (n 年目の前年の) $n-1$ 年目までの利子を足せばよいことになります．記号にすると

$$okane = yokin(n)$$
$$= yokin(0) + \Delta yokin(0) + \Delta yokin(1) + \cdots + \Delta yokin(n-1)$$

です．したがって，この等式が「関数を求める式」です．初期条件と n 個の差分係数から関数が求まるということですが，n 個といっても n はどんな値でもよいので，結局すべての差分係数が必要ということです．

コメント

この等式の右辺を展開して整理すると

$$\text{右辺} = yokin(0) + (yokin(1) - yokin(0)) + (yokin(2) - yokin(1))$$
$$+ \cdots + (yokin(n) - yokin(n-1))$$
$$= yokin(n)$$
$$= \text{左辺}$$

となり，等しいことが確認できます．

コメント

上の「関数を求める式」を使えば，いつも差分方程式が解けるということではありません．関数を求めるための原理的なことを述べた式ということです．

差分係数を次々と足す部分は，$\Delta yokin(k)$ の k が 1 つずつ変化するという規則性があるので，新たな記号 $\sum$（シグマ）を使い

$$okane = yokin(n) = yokin(0) + \sum_{k=0}^{n-1} \Delta yokin(k)$$

と簡潔に書くのが普通です．ここで，変数 n は「固定」しており，変数 k は 0 から $n-1$ まで 1 つずつ「変化する」ものとしています．大局と局所で時間変数を使い分けていたことに対応します．

ここで，記号 $\sum_{k=0}^{n-1} \Delta yokin(k)$ の意味は，

> 差分係数の代表は変数 k を使い $\Delta yokin(k)$ と書けるが，その k に 0 から $n-1$ まで次々に代入していくと n 個の差分係数 $\Delta yokin(0)$, $\Delta yokin(1),\ldots,\Delta yokin(n-1)$ が出てくるので，それらを全部足しなさい

ということです．記号 $\sum$ を使う理由は，和のことを英語で sum といい，その頭文字 S に対応するギリシャ文字が Σ だからです．

例 13. $\sum_{i=1}^{4}(i+2)$ は，「$i+2$ の i に 1 から 4 まで代入してできた 4 個の数を全部足しなさい」ということなので，

$$\sum_{i=1}^{4}(i+2) = 3+4+5+6 = 18$$

です．

以上のことから，差分方程式 $\Delta yokin(k) = 0.3$ を解くには，原理的には初期条件と各差分係数の情報を「関数を求める式」に代入すればよいことになります．したがって，

$$\begin{aligned} okane = yokin(n) &= yokin(0) + \sum_{k=0}^{n-1}\Delta yokin(k) \\ &= 10 + \sum_{k=0}^{n-1} 0.3 \\ &= 10 + 0.3\,n \end{aligned}$$

となり，関数が求まります．ここで，$\sum_{k=0}^{n-1} 0.3$ は「0.3 の k のところに 0 から $n-1$ までをそれぞれ代入して出てくる n 個の数値を全部足しなさい」ということですが，0.3 に k はないので代入してもすべて 0.3 のままであり，それが n 個あるので $0.3 \times n$ というわけです．

また，差分方程式 $\Delta yokin(k) = 0.3$ を次のように変形してから，解くこともできます．$\Delta yokin(k)$ を展開して移項すると

$$yokin(k+1) = yokin(k) + 0.3$$

となります．これは，$k+1$ 年目を基準にすれば，「ある年の預金額は前年の預金額に 0.3 を足せばよい」と読めます．どの年もこれが成立しているので，この式を使って n 年目から n 回年を戻せば最初の年になり，求まります．つまり，

式にすると

$$okane = yokin(n) = yoin(n-1) + 0.3$$
$$= (yokin(n-2) + 0.3) + 0.3 = yokin(n-2) + 0.3 \times 2$$
$$= (yokin(n-3) + 0.3) + 0.3 \times 2 = yokin(n-3) + 0.3 \times 3$$
$$\cdots$$
$$= yokin(n-n) + 0.3 \times n$$
$$= yokin(0) + 0.3\,n = 10 + 0.3\,n$$

です．

> **コメント**
>
> 年ごとに変化していくお金を**数列**と見ることもできます．数列も関数です．このとき，「0.3 を足すと翌年の預金額になる」という上の差分方程式は，**漸化式**と呼ばれます．この漸化式は**公差** 0.3 の**等差数列**を定めていることになり，その**一般項**が求めたい関数 yokin のことです．

以上，どちらの解き方にしろ関数 yokin が

$$okane = yokin(n) = 10 + 0.3\,n$$

という式の形で求まりました．

関数が求まったので，それが実際に解であることを確認しておきましょう．この関数が，初期条件と差分方程式の両方の条件を満たせばよいわけです．初期条件に関しては，関数の n に 0 を代入すれば

$$okane = yokin(0) = 10 + 0.3 \times 0 = 10$$

となるので，満たしています．差分方程式に関しては，関数の n に k と $k+1$ をそれぞれ代入して計算すれば

$$\Delta yokin(k) = yokin(k+1) - yokin(k)$$
$$= (10 + 0.3(k+1)) - (10 + 0.3k) = 0.3$$

となるので，満たしていることがわかります．

したがって，解である関数が求まったので，5年後の預金総額なら，n に5を代入すれば

$$okane = yokin(5) = 10 + 0.3 \times 5 = 11.5$$

となり，11万5千円になることがわかります．何年後でも同様にできるので，関数が求まると便利なわけです．グラフが求まれば便利なのと同じことです．

2.2.3 微分係数と微分方程式

連続時間の場合ですから，未知の関数は変数 t を使って

$$yokin_c : t \to okane$$

と表しました．**微分係数**とは，関数の変化の「瞬間の速さ」のことでした．したがって，微分係数は各瞬間ごとにあります．

たとえば，ちょうど半年後という時点に注目してみましょう．1年間を単位時間としているので，$t = 0.5$ という時点です．つまり，**関数 $yokin_c$ の 0.5 時点での微分係数**を考えます．それを関数名に「$'$」(ダッシュ，プライム) を付けることで

$$yokin'_c(0.5)$$

と表します．それは「0.5年後という時点での (預金額の変化の) 瞬間的な速さ」ですが，どのように捉えるのでしょうか．連続時間の捉え方に応じて2通りの捉え方を示します．

a. 微分係数を「動的に捉える」場合

「速さ」を知るには，2つの時点の情報を比較する必要があります．したがって，0.5 時点での「瞬間の速さ」を捉えるには，0.5 だけではダメで，0.5 に近いもう1点をとり，それを 0.5 に限りなく近づけていけばよいことになります．

それでは，このことを記号化していきましょう．その2時点間の差 (幅) を変数 h とおけば，その2時点は 0.5 と $0.5 + h$ と表せます．今，預金額を対応させる関数を $yokin_c$ としていますから，それぞれの時点の預金額は $yokin_c(0.5)$

と $yokin_c(0.5+h)$ と書けます．対応で書けば

$$yokin_c : 0.5 \to yokin_c(0.5)$$
$$yokin_c : 0.5+h \to yokin_c(0.5+h)$$

です．したがって，その 2 時点間の「速さ」は時間差に対する預金額の差の比をとればよいので

$$\frac{yokin_c(0.5+h) - yokin_c(0.5)}{(0.5+h) - 0.5} = \frac{yokin_c(0.5+h) - yokin_c(0.5)}{h}$$

と表せます．h は，たとえば 1 日 $(1/365)$ や 1 時間 $(1/365 \times 24 = 1/8760)$ のような短い時間を代表しています．そして，h をどんどん小さくしていきます．それは h を 0 に近づけていくことなので，記号で $\boldsymbol{h \to 0}$ と書くことにします．これは，$h = 0$ にすることではありません，それでは時間がなくなり変化が捉えられなくなってしまいます．$\boldsymbol{h \to 0}$ とは時間幅 $\boldsymbol{h}$ を $\boldsymbol{0}$ にすることなく，限りなく $\boldsymbol{0}$ に近づけていくということです．永遠に 0 に届くことはないのです．たとえば，時間を「半分にする」ということを何度も続ければ，0 にはならないで永遠に 0 に近づいていくことになります．さらに，$h \to 0$ とは h を 0 に近づけていくことですが，その近づけ方は無限にあり，そのすべての近づけ方を表しています．たとえば，h が正の値のまま 0 に近づく以外にも，h が負の値のまま 0 に近づく場合もあるし，h が正の値と負の値を交互にとりながら 0 に近づくという場合もあります．また，その近づくスピードも様々考えられるわけです．$h \to 0$ という記号は簡単に見えますが，このように 2 通りの無限を含んでいることに注意してください．

以上より，「$h \to 0$ としたときの**極限** (limit) を求めなさい」ということを表す記号 $\lim_{h \to 0}$ を使うと，0.5 時点での微分係数は次のようになります．

$$yokin'_c(0.5) = \lim_{h \to 0} \left(\frac{yokin_c(0.5+h) - yokin_c(0.5)}{h} \right)$$

右辺は $h \to 0$ としたときの「比の値の極限」のことであり，比を分母と分子に分けてそれぞれの極限をとってから割るということではありません．つまり，

2.2 差分方程式と微分方程式

h を定めるごとに決まるその比の値が，どんな近づけ方に対しても h を 0 に近づけていくにつれ，ある値に限りなく近づいていくならばその値のことです．その値が求められれば，それは 0.5 時点における「瞬間の速さ」を表していると見なせるので，それが 0.5 時点での「微分係数」です．

同様に，2 年 3 か月後に注目すれば，$t = 2.25$ での微分係数ということなので

$$yokin'_c(2.25) = \lim_{h \to 0} \left(\frac{yokin_c(2.25 + h) - yokin_c(2.25)}{h} \right)$$

と表せます．

しかし，これではいくらやってもすべての時点の微分係数を求めることはできません．したがって，差分係数の場合と同じく，変数というトリックを使います．つまり，それら注目している時点を変数 s として，**s 時点での微分係数** $yokin'_c(s)$ を考えます．つまり，

$$yokin'_c(s) = \lim_{h \to 0} \left(\frac{yokin_c(s + h) - yokin_c(s)}{h} \right)$$

です．離散の場合と同じく，局所的な場合の連続時間は s を使い大局的な場合の t と区別しましたが，同じ記号のままでもかまいません．

このように記号 $yokin'_c(s)$ は，微分係数を代表しており，これですべての時点における微分係数を表したつもりになれます．また，もし，これがうまく求められれば，s に具体的な時点を「代入する」だけでいちいち極限をとることなく，その時点の微分係数が簡単に求まることになります．たとえば，$yokin'_c(0.5)$ や $yokin'_c(2.25)$ は，$yokin'_c(s)$ の s にそれぞれ 0.5 や 2.25 を「代入した」ものと見ることもできます．それを強調したいときは，次のように書きます．

$$yokin'_c(0.5) = yokin'_c(s)|_{s=0.5}$$
$$yokin'_c(2.25) = yokin'_c(s)|_{s=2.25}$$

つまり，**$yokin'_c$** は各時点の微分係数を与える新しい関数

$$yokin'_c : s \to yokin'_c(s)$$

と見なせます．これを，$yokin_c$ から導びかれた関数という意味で**導関数**といい，

関数から導関数を求めることを**微分する**といいます．導関数はすべての時点での微分係数の情報を持つので，求まればとても便利です．

b. 微分係数を「静的に捉える」場合

この場合は，離散時間の場合の差分係数のように微分係数を考えられます．「瞬間」とは「微かな時間」のことであるとし，時間は最小単位の「微かな時間」からなると捉えました．したがって，連続時間にも隣りがあり，一般に「s 時点とその隣の時点との差」が「微かな時間」ですから，離散時間の場合の記号 Δk と同様に，そのことを簡潔に ds と書くことにします．ここで，d は差 (difference) を表す英語の頭文字であり，連続の場合の「微かな差」を表しています．記号 ds もこれで一体であり，d と s に分離できないことを注意しておきます．したがって，s 時点の隣りの時点は $s+ds$ と書けることになります．このような静的な捉え方をしたのはライプニッツであり，「微かな差 ds」のことを**無限小**と呼びました．

> コメント
>
> この無限小も現在では厳密に捉えられるようになっていますが，それはライプニッツから約 300 年後の 1960 年時代からです．

このように考えると，記号 $d\,yokin_c(s)$ は，離散の場合の記号 $\Delta yokin(k)$ と同じ意味であり「s 時点における (隣の時点との) 預金額の差」，つまり「s 時点における微かな増分」ということになります．つまり，式にすると

$$d\,yokin_c(s) = yokin_c(s+ds) - yokin_c(s)$$

です．したがって，s 時点での微分係数 $yokin'_c(s)$ は，「微かな時間」における預金額の変化の「速さ」ですから，預金額の差を時間で割って

$$yokin'_c(s) = \frac{d\,yokin_c(s)}{ds} = \frac{d\,yokin_c}{ds}(s)$$

と表せます．最後の式は，見かけ上は (s) をずらしただけですが，解釈は異なり $\boldsymbol{d\,yokin_c/ds}$ というひとまとまりで導関数 $yokin'_c$ を表す記号と考えています．どちらでもよいのですが，普通は最後の式を使います．

たとえば，時点 0.5 における微分係数 $yokin'_c(0.5)$ なら s に 0.5 を代入して

$$yokin'_c(0.5) = \left.\frac{d\,yokin_c(s)}{ds}\right|_{s=0.5} = \frac{d\,yokin_c(0.5)}{ds} = \frac{d\,yokin_c}{ds}(0.5)$$

となります．ds はひとかたまりですから，ここで，Δk の場合と同じく ds の s に直接 0.5 を代入することはしません．あえて書けば $ds|_{s=0.5} = ds$ ということです．同様に，

$$yokin'_c(2.25) = \left.\frac{d\,yokin_c(s)}{ds}\right|_{s=2.25} = \frac{d\,yokin_c(2.25)}{ds} = \frac{d\,yokin_c}{ds}(2.25)$$

です．

以上，微分係数の捉え方を 2 通り示しましたが，どちらも同じ微分係数を捉えているつもりです．どちらで微分係数を考えてもよいのですが，「動的」な方は計算のときに使い，「静的」な方は離散との類似があり概念的にわかりやすいといえます．したがって，計算以外では静的な方を使って説明することにします．

たとえば，微分係数の図形的な意味を確認しておきましょう．s 時点の微分係数 $yokin'_c(s) = d\,yokin_c(s)/ds$ は，式の形からわかるように比の値ですから，グラフ上では s 時点での「微かな時間」の間の「微かな線分」の「傾き」のことになります．1 章でも述べたように，それを簡単に「瞬間 (s 時点) の傾き」といいました．グラフはそれらの「微かな線分」をつないでできる「折れ線グラフ」ということになります．この例題の場合はその折れ線グラフは特に直線となりますが，一般には折れて曲がったりしています．しかし，我々の目にはその折れ線グラフは「なめらかな曲線」のようにしか見えないわけです．なめらかな曲線のグラフも，「無限に拡大」すれば折れ線グラフに見えるということです．そして，一般に s 時点での「微かな線分」の両端を両側にまっすぐに引き伸ばした直線は，グラフの s 時点での**接線**と呼ばれます．その理由は，その直線とグラフは「微かな線分」を共有しており，我々の目には時点 s で直線がなめらかなグラフに「接して」いるようにしか見えないからです (図 2.3)．この例題ではグラフ自体が直線なので，すべての点での接線はその直線そのものです．

図中のラベル: okane, $yokin_c(s)$, $d\,yokin_c(s)$, ds, s, t

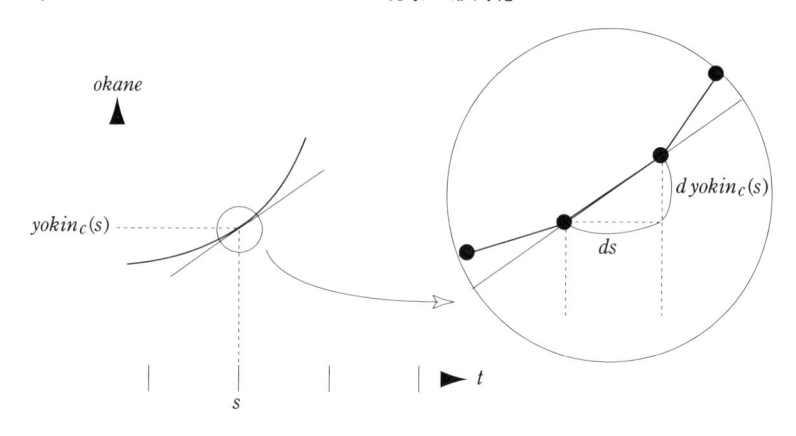

図 2.3 グラフの接線とその拡大図のイメージ

したがって

> s 時点の微分係数は，なめらかなグラフの s 時点での「微かな線分」（つまり，接線）の「傾き」を表す

ということになります．

以上のように記号化すると，この場合の「微分方程式」は「預金額が増えるどの瞬間の速さも同じ 0.3 万円/年」ということなので

$$yokin'_c(s) = 0.3$$

と簡潔に書けます．これは変数 s に何の条件もないので，s がどんな値でも式が成立しているということであり，したがって「微分係数はどの時点も 0.3」というわけです．

今は 1 章の結果を使って微分方程式にしましたが，記号に慣れるために最初からこの微分方程式を導いてみましょう．時間は動的に捉えます．預金額の変化である利子は，期間に比例して増えていきちょうど 1 年経つと 3 千円になるのでした．たとえば，ある時点 s から半年 (1 年の 2 分の 1) 経った場合の変化は，

と書けます．1 か月 (1 年の 12 分の 1) 経った場合は，

$$yokin_c\left(s+\frac{1}{12}\right) - yokin_c(s) = 0.3 \times \frac{1}{12}$$

です．したがって，一般に h 年経てば

$$yokin_c(s+h) - yokin_c(s) = 0.3 \times h$$

となります．つまり，s 時点から h 時間の預金額の変化の「速さ」は，両辺を h で割って

$$\frac{yokin_c(s+h) - yokin_c(s)}{h} = 0.3$$

となります．h はゼロでないどんな小さい値でもこの等式が成立しているので，$h \to 0$ の極限をとっても成立しており，したがって $yokin'_c(s) = 0.3$ という微分方程式が得られます．

2.2.4 微分方程式を解く

この微分方程式を解いて関数 $yokin_c$ を求めましょう．解き方は，最初の預金額 (初期条件) に「微かな増分」を次々と「瞬間ごと (連続的) に足して」いけばよいわけです．ここで，「微かな時間」における「微かな増分」は，微分方程式が定める「微分係数」に「微かな時間」をかけることで求まります．記号にすると

$$yokin'_c(s) = \frac{d\,yokin_c(s)}{ds}$$

より，両辺を ds 倍して

$$d\,yokin_c(s) = yokin'_c(s)\,ds$$

ということです．つまり，s 時点での「微かな増分」$d\,yokin_c(s)$ は，s 時点での微分係数 $yokin'_c(s)$ に「微かな時間」ds をかければよいのです．たとえば，0 時点での微かな増分は，s に 0 を代入した $d\,yokin_c(0) = yokin'_c(0)\,ds$ であり，0.5 時

点での微かな増分なら，同様に 0.5 を代入した $d\,yokin_c(0.5) = yokin'_c(0.5)\,ds$ です．

ところで，関数は $okane = yokin_c(t)$ なので，関数を求めるには t 年目の預金額 $yokin_c(t)$ を知ればよいことになります．離散時間の場合と同様に，変数 t は t 年目というある固定した時間を表していると考えます．しかし，t はどんな年でもよいので，これが求まればすべての年の預金額がわかったことになり，つまり関数が求まったことになります．

初期条件は

$$yokin_c(0) = 10$$

です．

以上のことより，求めたい t 時点での預金額は，最初の預金額に「0 時点での微かな増分」から「t 時点での微かな増分」までを (s を 0 から t まで連続的に動かしながら) 瞬間ごとに足していけば求まるので，記号で

$$\begin{aligned}okane = yokin_c(t) &= yokin_c(0) + (d\,yokin_c(0) + \ldots + d\,yokin_c(t)) \\ &= yokin_c(0) + (yokin'_c(0)\,ds + \ldots + yokin'_c(t)\,ds)\end{aligned}$$

となります．ここで，$\ldots$ は連続的に足すことを表しているつもりです．

この式の「微かな増分」の各項は，$d\,yokin_c(s)$ (または，$yokin'_c(s)\,ds$) で代表でき s の値が違うだけなので，離散の場合に記号 $\sum$ を導入したのと同じように規則的なものを連続的に足していくことを示す新たな記号 $\int$ (**積分記号**) を使えば

$$\begin{aligned}okane = yokin_c(t) &= yokin_c(0) + \int_0^t d\,yokin_c(s) \\ &= yokin_c(0) + \int_0^t yokin'_c(s)\,ds\end{aligned}$$

と簡潔に書けます．これが「関数を求める式」です．ここで，変数 t は固定しており，変数 s は 0 から t まで変化するものと考えています．

確認しておくと，たとえば，記号 $\int_0^t yokin'_c(s)\,ds$ は，

> s 時点での「微かな増分」は $yokin'_c(s)\,ds$ と書くことができ，その s に 0 から t まで連続的に代入していくと無限個の「微かな増分」$yokin'_c(0)\,ds, \ldots, yokin'_c(t)\,ds$ が出てくるが，それらを全部足しなさい

という長い文を短く書いたものです．積分記号 $\int$ は，離散的に足す記号 $\sum$ と同じく英語の「sum」の頭文字 S に由来しますが，この場合はその S を上下に滑らかに引き伸ばしたものです．これもライプニッツによります．

コメント

差分の場合と同じく，上の「関数を求める式」を使えばいつも微分方程式が解けるということではありません．関数を求めるための原理的なことを述べた式ということです．また，ここでのストーリーとは異なりますが，この式の形は「微積分学の基本定理」と呼ばれています．

コメント

この式は連続的な和を含んでいて，一般には計算機に適していません．計算機で数値的に求めるには，この式を離散化した近似式を使います．つまり，「微かな時間」ds の近似として十分小さい時間幅 h を採用します．たとえば，十分大きい自然数を n として時間 0 から t を n 等分した長さを h (つまり，$h = t/n$) とし，その時間幅 h を基準として時間軸 s に (単位時間より細かい) 目盛りを $s_0 = 0, s_1 = h, s_2 = 2h, \ldots, s_n = nh = t$ のように添え字を使って付けます．すると，

$$okane = yokin_c(t) = yokin_c(s_n) \approx yokin_c(0) + \sum_{k=0}^{n-1} yokin'_c(s_k)\,h$$

を計算すれば近似値が得られることになります．

以上のことから，微分方程式 $yokin'_c(s) = 0.3$ を解くには，原理的には初期条件と微分係数の情報を「関数を求める式」に代入すればよいことになります．つまり，

$$okane = yokin_c(t) = yokin_c(0) + \int_0^t yokin'_c(s)\,ds$$
$$= 10 + \int_0^t 0.3\,ds$$

となります．

ここで，$\int_0^t 0.3\,ds$ を求める必要がありますが，次のように考えます．$\int_0^t 0.3\,ds$ の意味は，「$0.3\,ds$ の s に連続的に 0 から t まで代入して出てくるものをすべて足しなさい」ということです．$0.3\,ds$ は「微かな利子」であり，それを次々と連続的に 0 から t 時点まで足せば，積もり積もって t 年後の利子総額になります．ところで，$0.3\,ds$ の s に 0 から t まで代入しても，ds は変化しませんから出てくるのはすべて $0.3\,ds$ のままなので，結局すべて同じ $0.3\,ds$ を 0 から t まで連続的に足すことになります．それは 0.3 が変わらないので，ds を全部足してから後で 0.3 倍しても同じことですが，微かな時間 ds を 0 時点から t 時点まで足せば，当然 0 から t までの時間 t となります．したがって，その 0.3 倍である $0.3\,t$ が求めるものです．

このことを式にすれば

$$\int_0^t 0.3\,ds = 0.3 \int_0^t ds = 0.3\,t$$

と表せます．

以上をまとめると，関数 $yokin_c$ が

$$okane = yokin_c(t) = 10 + 0.3\,t$$

という式の形で求まりました．離散の場合との式の違いは n が t になっただけであり，実質的には同じ関数であることがわかります．

関数が求まったので，それが実際に解であることを確認しておきましょう．初期条件と微分方程式の両方の条件を満たせばよいわけです．初期条件に関しては，差分の場合と同じです．関数の t に 0 を代入すれば

$$okane = yokin_c(0) = 10 + 0.3 \times 0 = 10$$

となります．微分方程式に関しては，関数の t に s と $s+h$ をそれぞれ代入してから計算すれば

2.2 差分方程式と微分方程式

$$\begin{aligned}
yokin'_c(s) &= \lim_{h \to 0} \left(\frac{yokin_c(s+h) - yokin_c(s)}{h} \right) \\
&= \lim_{h \to 0} \left(\frac{(10 + 0.3(s+h)) - (10 + 0.3s)}{h} \right) \\
&= \lim_{h \to 0} \left(\frac{0.3h}{h} \right) \\
&= \lim_{h \to 0} 0.3 \\
&= 0.3
\end{aligned}$$

となるので，満たしていることがわかります．最後の等式は，h をどんなに小さくしても 0.3 には影響を与えないからです．

したがって，解である関数が求まったので，5 年後や，たとえば 24 年 3 か月後の預金額を知りたければ，t に 5 や 24.25 を代入することで

$$okane = yokin_c(5) = 10 + 0.3 \times 5 = 11.5$$
$$okane = yokin_c(24.25) = 10 + 0.3 \times 24.25 = 17.275$$

となり，それぞれ 11 万 5 千円や 17 万 2 千 7 百 5 十円となることがわかります．このように，大局的な関数が求まればグラフが求まったのと同じで便利なわけです．

3

典型的な変化
―ねずみ算とその応用―

この章では，世の中で最も典型的に現れる変化を扱います．この変化は常識的な予想をはるかに超えます．それは**ねずみ算**ともいわれ，「子が子を産んでいく」というところに原因があります．「複利預金」や「借金」も同じからくりなので，ねずみ算の理解は生活するうえでとても大切なことです．ここでは，単純な「倍増問題」を手始めに理想化した複利である「連続複利」までを扱いますが，局所・大局という観点は今までと変わりありません．

3.1 ねずみ算

ねずみ算を『広辞苑 (第 5 版)』で引くと次のようにあります．

1) 和算で，「正月に雌雄 2 匹の鼠が 12 匹の子を生み，2 月には親子いずれも 12 匹の子を生み，毎月かくして 12 月に至れば，鼠の数は，2×7^{12} の算式により，276 億 8257 万 4402 匹の大数になる」というような問題．鼠の子算用．
2) 物が複利的に急速に増加する場合のたとえ．

この中の問題は，江戸初期の和算家である吉田光由 (1598–1672) の『塵劫記』(1627) からの一節です．この本は日本で最初の算術書で，江戸時代を通じて最も読まれた本のひとつだそうです．中国の『算法統宗』(1592) を手本にしましたが，日常生活で必要なことが絵入りでわかりやすく書かれた名著です．

3.1 ねずみ算

辞典にもあるように，**ねずみ算**はねずみの問題から離れて，急速に増加する場合を一般的に指す言葉となっています．これは，形を変えて昔から扱われています．そんなに時間が経っていないのに予想外の大きな数になるので，意外性があるからでしょう．古くは古代エジプトの書記アーメスによる文書 (B.C. 1650 年頃) にも載っているそうですが，日本では豊臣秀吉 (1537–1598) が曾呂利新左衛門の'小さなのぞみ'に従って褒美を与える昔話があります．

3.1.1 将棋盤上のお金（指数関数）

『塵劫記』の問題を扱う前に，将棋盤を使った次の例題を考えましょう．

例題 2 将棋盤上 (9×9 マス) の最初のマス目に 1 円がおいてある．これから毎日将棋盤上のマス目を 1 マスずつお金で埋めていきたい．たとえば，1 日目に隣のマス目に 2 倍の 2 円，2 日目にその隣のマス目にその 2 倍の 4 円というように，次々と隣のマス目に 2 倍のお金を積んでいくとする．このとき，最後の 80 日目に積むお金はいくらになるか．

この例題も簡単ですが，やはり差分方程式を使って解いてみましょう．また，これを材料に「指数関数」を紹介したいと思います．

1 日単位の離散時間とマス目を埋める金額との対応を問題としています．時間を変数 n，お金は 1 円を単位とする変数 $okane$ として，その間の対応を関数 $shogi$ とすると

$$shogi : n \to okane \quad \text{または} \quad okane = shogi(n)$$

となります．この場合の変数 n は，$0, 1, 2, 3, \ldots$ の代表です．最初のマス目にすでに 1 円おいてあるのでそれを 0 日目とします．したがって，$shogi(0) = 1$ となり，1 日目は 2 円おくので $shogi(1) = 2$，2 日目は 4 円おくので $shogi(2) = 4$ となります．すると知りたいのは $n = 80$ のときなので，$okane = shogi(80)$ を求めればよいことになります．

この例題の条件は，「いつも翌日は 2 倍のお金を積む」という局所的な規則です．それは

$$(*) \qquad shogi(k+1) = 2\, shogi(k)$$

という等式で表されます．変数 k は，同じく $0, 1, 2, 3, \ldots$ の代表です．k に条件がないので，この等式はどんな k の値に対しても成立していることになります．これがこの例題の条件を表す差分方程式です．

差分係数が現れていませんが，2 倍になるとはその数の分だけ増えるということですから，上の差分方程式は

$$shogi(k+1) - shogi(k) = shogi(k)$$

となり，したがって

$$(**) \qquad \Delta shogi(k) = shogi(k)$$

とも書けます．これは「差分係数がいつもそのときの関数の値に等しい」ということです．

どちらもこの例題の条件を表す差分方程式ですから，どちらか便利な方を使って関数 $shogi$ を求めればよいわけです．初期条件は，

$$shogi(0) = 1$$

です．

> **コメント**
>
> 前にもコメントしましたが，日ごとに変化していくお金は「数列」と見ることもできます．「翌日は 2 倍になる」という等式は，その数列の「漸化式」です．これは**公比 2 の等比数列**を定めていることになり，その「一般項」を求めることが関数 $shogi$ を求めることに対応しています．

この例題を解くのは，最初の差分方程式 $(*)$ を使うのが普通です．2 番目の等式 $(**)$ を使って，2 章の「関数を求める式」にそれを代入してもすぐに答えは出てきません．実際に代入してみると

$$okane = shogi(n) = shogi(0) + \sum_{k=0}^{n-1} \Delta shogi(k)$$

$$= shogi(0) + \sum_{k=0}^{n-1} shogi(k)$$

となり，右辺にまさにこれから求めようとしている未知の関数 shogi が使われているからです．関数を求めるのに，その関数自身を使っているというわけです．

しかし，図で解くときは差分係数のある 2 番目の等式 (∗∗) の方が面倒ですが意味がとりやすいです．差分係数は求めたい折れ線グラフの各線分の傾きを表しているので，初期値が定める 0 時点から出発して，逐次的にその時点の差分係数が定める傾きの線分をつないでいくことで，差分方程式と初期条件を満たす折れ線グラフが求まってしまうからです．つまり，$\Delta shogi(0) = shogi(0) = 1$ より，初期値から出発して傾き 1 の線分を引くと $shogi(1) = 2$ となることがわかります．よって，$\Delta shogi(1) = shogi(1) = 2$ となるので今度は傾き 2 の線分を引くことになり，$shogi(2) = 4$ とわかります．後は，これをくり返していきます (図 3.1)．

それでは元に戻って，例題の解を式の形で求めてみましょう．関数は $okane = shogi(n)$ なので，関数を求めるには n 日目に積むお金を求めればよいことになります．ところで，最初の差分方程式 (∗) がいっていることは，ある日の関数 shogi の値は前日の関数 shogi の値からわかるということです．したがって，これを使って n 日目から日にちを前へどんどんずらして 0 日目にすれば，初期条件から解が求まることになります．たとえば，n 日目から 3 日ずらすと

$$okane = shogi(n) = 2\,shogi(n-1)$$
$$= 2\,(2\,shogi(n-2)) = 2 \times 2\,shogi(n-2)$$
$$= 2 \times 2\,(2\,shogi(n-3)) = 2 \times 2 \times 2\,shogi(n-3)$$

となります．ここで，$2 \times 2 \times 2$ は「2 を 3 回かけよ」と書けます．2×3 は「2 を 3 回足す」ということなので，別の記号を使って

$$2^3$$

と書くことにします．これを **2 の 3 乗**といいます．右肩に乗っている 3 を**指数**といい，繰り返しかける回数を表しています．また，この場合の 2 をこの指

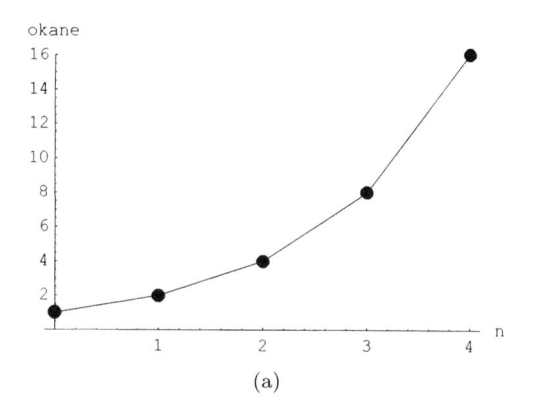

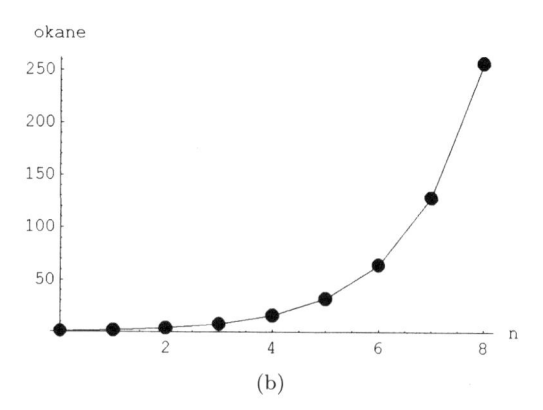

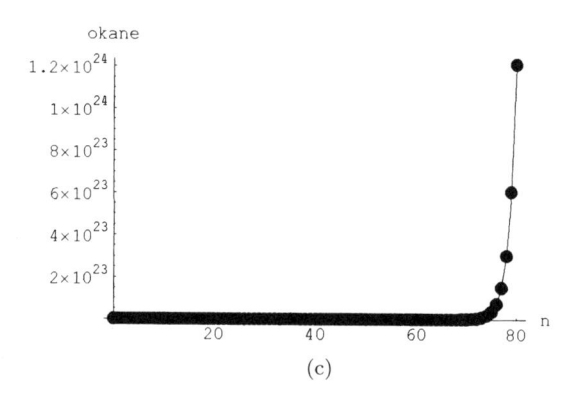

図 3.1 関数 shogi の折れ線グラフ ((a) 4 日間, (b) 8 日間, (c) 80 日間)

3.1 ねずみ算

数表示の<ruby>底<rt>てい</rt></ruby>と呼びます。$2^2 (= 4)$ を 2 の**平方**, $2^3 (= 8)$ を 2 の**立方**ともいい, これらを総称して 2 の**累乗**といいます。特に, 指数部分が 0 の場合 2^0 は 1 と決めます。一般に, 底がどんな数でもゼロ乗は 1 とします。その理由は次のように考えるとよいでしょう。たとえば, 2 の 3 乗を

$$2^3 = 2 \times 2 \times 2$$
$$= 1 \times (2 \times 2 \times 2)$$

のように,「1 に 2 を 3 回かける」ものと見なします。すると, 2 の 0 乗とは 1 に 2 を 1 回もかけないことなので, 1 のままとなるからです。同様に考えれば $2^1 = 2$ となります。「1 に 2 を 1 回かける」ということだからです。

結局, この記号を使えば先ほどの式は

$$okane = shogi(n) = 2^3 \, shogi(n-3)$$

と簡潔に書けます。これから気が付くことは, 指数と日にちを前に戻した回数が等しいことです。よって, n 日目から 0 日目まで戻すには n 乗すればよいことになります。つまり,

$$okane = shogi(n) = 2^3 \, shogi(n-3)$$
$$= 2^3 \times 2 \, shogi(n-4) = 2^4 \, shogi(n-4)$$
$$\cdots$$
$$= 2^n \, shogi(n-n) = 2^n \, shogi(0) = 2^n \times 1 = 2^n$$

です。したがって, 関数 $shogi$ が

$$okane = shogi(n) = 2^n$$

という式の形で求まりました。求めたいのは, 特に n が 80 のときですから

$$okane = shogi(80) = 2^{80}$$

となります。しかし, これでは 2 を 80 回かければよいというだけで, 答えを

求めたことにはなりません．実際に，いくらぐらいになるのか答える必要があります．

手計算では大変なので，数式処理ソフト $Mathematica$ を使って計算してみると

$$2^{80} = 1208925819614629174706176$$

と求まります．これを漢数字の単位語を使って読めば

1 秭(じょ) 2 千 8 十 9 垓(がい) 2 千 5 百 8 十 1 京(けい) 9 千 6 百十 4 兆(ちょう)
6 千 2 百 9 十 1 億 7 千 4 百 7 十 万(まん) 6 千百 7 十 6 円

となります．これが将棋盤の最後のマス目に積む金額ですが，これでもよくわかりません．この金額を実感するために，たとえば日本の 1 年間の国家予算を 100 兆円として計算してみると，その約 120 億年分ということになります！

結局，マス目の数がそんなに多いとも思えない将棋盤上に，1 円から始めて 2 倍という関係でお金を積んでいっただけで，このような天文学的な数が出てくるということがわかったわけです．グラフ (図 3.1(c)) がその爆発的な増え方の様子を端的に物語っています．

ところで，2 を底とする指数表示が出てきましたが，大きな数を表すには一般に「10 を底とする指数表示」を使います．10 をひとまとまりとするのが普通だからです．たとえば，

$$10^2 \text{ は，} 100 \text{ (百)}$$
$$10^3 \text{ は，} 1000 \text{ (千)}$$
$$10^4 \text{ は，} 10000 \text{ (万)}$$

のように，指数が 1 の右にあるゼロの数に対応しています．また，漢数字の単位もうまく対応しています．同様に 1 億はゼロが 8 個並ぶので 10^8，1 兆はゼロが 12 個並ぶので 10^{12} と書けます．

電卓で計算すると，

$$2^{80} \approx 1.20892582 \times 10^{24}$$

と表示されるので，2^{80} は約 10^{24} であり 1 の右にゼロが 24 個並ぶぐらいの数

であることがわかります．その数の単位はすでに書いたように秭と呼びますが，これは1兆の1兆倍というとてつもない大きさです．どうしてかというと 10^{24} は10を24回かけますが，最初の10を12回までかけるのをひとまとまりにすると，残りは同じく10を12回かけることであり，結局その2つのまとまりの積だからです．

今のことを記号にすれば，

$$10^{24} = 10^{12} \times 10^{12}$$

ですが，これは $24 = 12 + 12$ より

$$10^{12+12} = 10^{12} \times 10^{12}$$

と見られます．するとこの等式は「(底が同じなら) 指数の和は累乗の積になる」と形式的に覚えられます．このように，指数表示にすると，大きな数でもすぐに積の形に分割できて便利です．

たとえば，前の文章中に出てきた「2^{80} 円は，日本の1年間の国家予算を100兆円とすると，その約120億年分になる」を，今述べたことを使って確認してみましょう．100兆は1兆の100倍なので，$10^{12} \times 10^2 = 10^{14}$ と書けます．したがって，

$$2^{80} \approx 1.20 \times 10^{24} = 1.20 \times 10^{10+14} = 1.20 \times 10^{10} \times 10^{14}$$

となり，$10^{10} = 10^{2+8} = 10^2 \times 10^8$ は100億ということよりわかります．

コメント

「秭」のような大きな数の単位は，インドから中国を経て伝わり日本では『塵劫記』で広まりました．億以上の大数を表す数詞は表3.1のようになります．

数詞の付け方は，1万倍 (10^4) ごとに規則的に変わっていることがわかります．しかし，中国の『算法統宗』では，兆が 10^{12} でなく 10^{16} であり，それ以降1億倍 (10^8) ごとに変わります．また，アメリカでは million (10^6)，billion (10^9), trillion (10^{12}) のように千倍 (10^3) ごとに名称が変わりますが，イギリスやドイツは million (10^6) 以降は百万倍 (10^6) ごとです．ちな

表 3.1 大 数

数詞	読み	大きさ
億	おく	10^8
兆	ちょう	10^{12}
京	けい	10^{16}
垓	がい	10^{20}
秭, 秭	じょ, し	10^{24}
穰 (穣)	じょう	10^{28}
溝	こう	10^{32}
澗	かん	10^{36}
正	せい	10^{40}
載	さい	10^{44}
極	ごく, きょく	10^{48}
恒河沙	ごうがしゃ	10^{52}
阿僧祇	あそうぎ	10^{56}
那由他	なゆた	10^{60}
不可思議	ふかしぎ	10^{64}
無量大数	むりょうたいすう	10^{68}

みに，10^{100} はアメリカで googol といいますが，宇宙にある原子の総数でも 10^{80} 程度だそうですからとほうもない数です．

コメント

将棋盤に積んだお金の総額を求めてみましょう．総額を S とおいてみます．すると，

$$S = 2^0 + 2^1 + 2^2 + 2^3 + \cdots + 2^{80}$$

です．S の各項の間には 2 倍すると隣の数になるという規則性があるので，S を 2 倍してみると

$$2S = 2(2^0 + 2^1 + 2^2 + 2^3 + \cdots + 2^{80}) = 2^1 + 2^2 + 2^3 + \cdots + 2^{81}$$

となり，S と $2S$ はほとんど同じ項からできていることがわかります．よって，$2S$ から S を引くことでほとんどの項が消えてしまい

$$2S - S = (2^1 + 2^2 + 2^3 + \cdots + 2^{81}) - (2^0 + 2^1 + 2^2 + 2^3 + \cdots + 2^{80})$$
$$= 2^{81} - 2^0$$

となります。左辺は 2 個の S から 1 個の S を引くので，1 個の S となります。したがって，

$$S = 2^{81} - 2^0 = 2 \times 2^{80} - 1$$

となり，将棋盤上のお金を全部足しても最後のマス目に積んだ金額の 2 倍しかないということがわかります (1 円の誤差はありますが)．

a. 指数関数

さて，ここで求めた関数 $shogi$ は対応の仕方が，n に対して 2 の n 乗を対応させています．つまり，

$$shogi : n \to okane = 2^n \quad \text{または} \quad okane = shogi(n) = 2^n$$

です．このように，底は変化しないで指数部分が独立変数とともに変わっていく関数のことを**指数関数**と呼びます．関数 $shogi$ は「2 を底とする指数関数」というわけです．この場合，n は 0 以上の整数としていますが，一般には負の整数の場合も考えることができ，たとえば

$$2^{-3} = \frac{1}{2^3}$$

となります．「2 を -3 回かける」とは，「1 を 2 で 3 回割る」と考えるわけです．

さらに，この関数は離散時間 n だけでなく，その間をうまく埋めて連続時間 t へも自然に拡張できます．その関数名も $shogi$ とすれば，形式的には

$$shogi : t \to okane = 2^t \quad \text{または} \quad okane = shogi(t) = 2^t$$

と書けます．もちろん，t がちょうど整数のときは，離散時間の場合の値と同じです．

t が整数でない例をあげましょう．たとえば，$t = 0.5$ のときの $2^{0.5}$ は「2 を 0.5 回かける」ということですが，それを 2 回かければ，「2 を 1 回かけた」ことと思えますから

$$2^{0.5} \times 2^{0.5} = 2^{0.5 + 0.5} = 2^1 = 2$$

です．ところで，同じ数を 2 回かけて 2 となる数は 2 の**平方根**といい $\sqrt{2}$ と書くので，結局

$$2^{0.5} = \sqrt{2} = 1.4142\dots$$

となります．

> **コメント**
>
> 最後の等式が成り立つのは，1.4142 を 2 回かけると 2 にとても近い値になるからです．1.4142 の後の $\dots$ は，さらに数字が不規則にいくらでも続くことを表しています．どんなにいっても $\sqrt{2}$ という値にはなれないのです．このような数については，この章の最後のほうで再び触れます．

ここで，「2 の t 乗」(2^t) のように，同じ 2 と t を使った関数「2 の t 倍」=「t の 2 倍」($2t$) や「t の 2 乗」(t^2) との比較をしてみましょう．それぞれの関数名を ***nibai***, ***heiho*** としておきます．

- $okane = nibai(t) = 2t$ の場合：
  関数 *nibai* は，与えられた数 t を $2t$ にするので「2 倍する」という対応です．$2t = 2t^1$ より変数 t の 1 乗を使った関数なので **1 次関数**ともいいます．指数はいつも 1 で，底のみが変化していく関数です．いわゆる関数 $y = 2x$ です．グラフは直線となります．$t = 80$ のときの値は，2 倍するだけなので 160 となり 3 桁の数です．

- $okane = heiho(t) = t^2$ の場合：
  関数 *heiho* は，与えられた数 t を t^2 にするので「2 乗＝平方する」という対応です．変数 t の 2 乗 t^2 を使った関数なので **2 次関数**ともいいます．指数はいつも 2 で，底のみが変化していく関数です．いわゆる関数 $y = x^2$ のことです．$t = 80$ のときの値は，2 乗して 6400 となり 4 桁の数です．

- $okane = shogi(t) = 2^t$ の場合：
  底が 2 の指数関数です．前の 2 つと逆で，底は変化せず指数が変化します．いわゆる $y = 2^x$ のことです．$t = 80$ のときの値は，2^{80} で 25 桁という天文学的な数となりました．

図 3.2 は，これら 3 つの関数のグラフを t の範囲を変えながら比較していま

3.1 ねずみ算

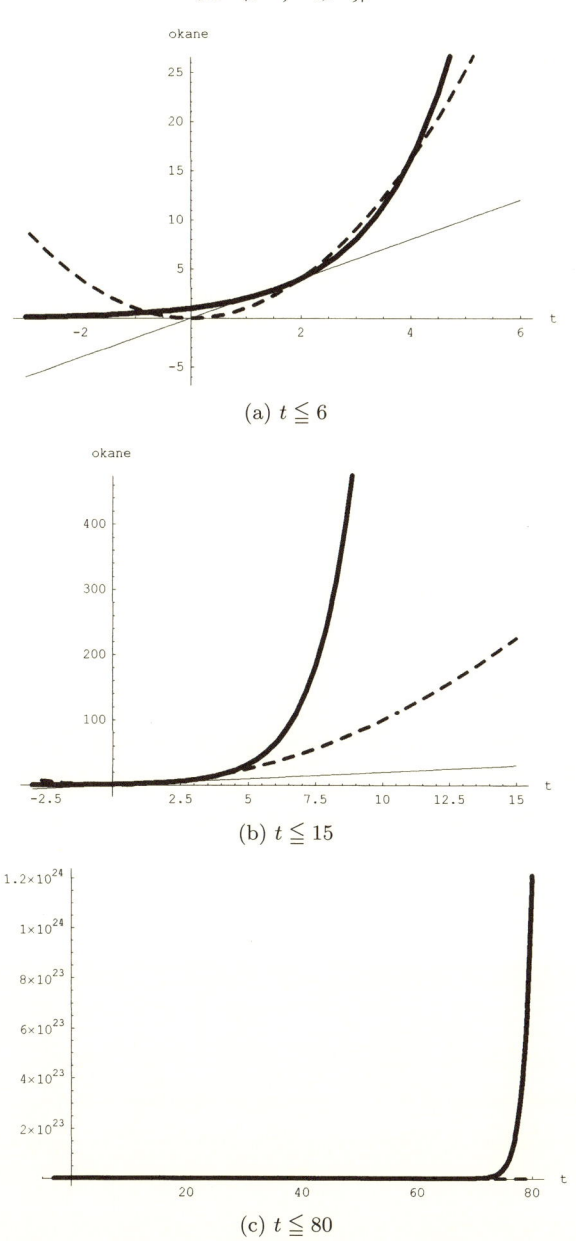

(a) $t \leqq 6$

(b) $t \leqq 15$

(c) $t \leqq 80$

図 3.2 $2t$, t^2, 2^t のグラフの比較 (細線 : $2t$, 破線 : t^2, 太線 : 2^t)

す．特に，図 3.2 (b), (c) では指数関数の他の関数との違いがよくわかります．結局，将棋盤上のお金の爆発的な増加は，形式的には指数関数で表現されました．したがって，このような増加を一般に**指数関数的**とか，または数列の言葉を使って**等比 (幾何) 級数的**といいます．これに対して，1, 2 章で扱った単利預金や関数 *nibai* のような増加は**線形的**とか，**等差 (算術) 級数的**といいます．線形という言葉を使うのは，変化を表すグラフが直線となるからです．

　線形的ならばいつも同じペースで増加 (または，減少) していきますが，指数関数的だといつも同じペースというわけではなく時間が経つほど増加が激しくなっていきます．指数関数的に減少していく場合もありますが，その場合は時間が経つほど減少がゆるくなっていきます (後の 4.1.1 項および 4.2.1 項で扱います)．将棋盤の例で，最後の 80 日目に積む金額の半額を積む日が，40 日目ではなく前日の 79 日目ということがそれを物語っています．

　それでは，以下の問題で，指数関数的増加を味わってみてください．答えを，まずは当てずっぽうでいいですから，予想してみることが大切です．

問題 2. 人間の体は約 100 兆個の細胞から構成されている．最初は 1 個の受精卵から始まり，細胞分裂で 2 個になり，それぞれがまた 2 個に分裂するということを繰り返して，それだけの細胞の数になる．このとき，毎日 1 回分裂が起きるとして，次の問いに答えなさい．

1) 何日目に約 100 兆個の細胞になるか．
2) 半分の約 50 兆個の細胞になるのは何日目か．

問題 3. 新聞の厚さを 0.1mm とする．この新聞を 1 回折ると 2 枚，2 回折ると 4 枚というように，1 回折るごとに枚数が 2 倍になる．それでは，何回折れば，その厚さが地球の厚さ (直径約 1.2 万 km) を超えますか．

3.1.2 『塵劫記』の問題

　『塵劫記』のねずみ算の問題を解いてみましょう．ねずみ算とは指数関数的な増加であることが確認できます．

　この問題は将棋盤と違いすぐに解けるわけではありませんが，実際に正月，2

3.1 ねずみ算

月と計算してみると規則性が見えてきます．その規則性とは，次のようです．

「2匹がペアになって12匹を生んでいくので，1匹あたりにすると翌月には6匹と自分自身で7匹になる．したがって，毎月7倍で増えていくことになり，辞典に載っている算式が得られる．」

それでは，このことを記号を使って見ていきましょう．ひと月単位の離散時間とねずみの数との対応を調べればよいわけです．月数を英語の「month」の頭文字をとって変数 m で表し，1匹単位のねずみの数を変数 $kazu$ とします．その間の対応を関数 $nezumi$ とすると

$$nezumi : m \to kazu \quad \text{または} \quad kazu = nezumi(m)$$

となります．m は $1, 2, 3, \cdots, 12$ を代表している変数ですが，将棋盤と同じく 0 も加えて最初のねずみの数を対応させると，

$$nezumi(0) = 2$$

です．

正月 (1月) のねずみの数は 2 匹の親が 12 匹の子を産むので，すべてのねずみの数は子と親を足して

$$nezumi(1) = 12 + 2 = 14$$

です．これは，2 匹から 1 組の親ができ子を産むということを，$2/2 (= 1)$ と表すことで

$$nezumi(1) = \frac{2}{2} \times 12 + 2 = \frac{nezumi(0)}{2} \times 12 + nezumi(0)$$

のようにも書けます．2月はその 14 匹が 2 匹ずつ組となって $14/2 = 7$ 組の親になり，それぞれの組が 12 匹の子を産むのですから，子と親を足せば

$$nezumi(2) = \frac{14}{2} \times 12 + 14$$

となります．この等式は $nezumi(1)$ を使えば

$$nezumi(2) = \frac{nezumi(1)}{2} \times 12 + nezumi(1)$$

です．3月は，2月のねずみが2匹ずつ組となって親になり，同様に12匹ずつ子を産みますから

$$nezumi(3) = \frac{nezumi(2)}{2} \times 12 + nezumi(2)$$

となります．後は同様です．

したがって，ある月のねずみの数から翌月のねずみの数を求める局所の法則がわかったことになります．記号にすると

$$nezumi(k+1) = \frac{nezumi(k)}{2} \times 12 + nezumi(k)$$
$$= 7\, nezumi(k)$$

という差分方程式です．k は $0,1,2,3,\cdots$ を代表しています．つまり，最初に述べたようにいつも翌月は 7 倍になるということです．

これも差分係数を使えば

$$\Delta nezumi(k) = 6\, nezumi(k)$$

となり，「差分係数がいつもそのときの関数の値の 6 倍に等しい」ということをいっています．おおまかには「差分係数がいつもそのときの関数の値の定数倍」ということで，将棋と同じです．したがって，図で考えて折れ線グラフを求めるにはこれを使って各折れ線の傾きを考えながら描いていってもよいでしょう（図 3.3）．

関数 $nezumi$ の式を求めるのは，$shogi$ と同様にすれば

$$kazu = nezumi(m) = 7\, nezumi(m-1) = 7 \times 7\, nezumi(m-2)$$
$$= 7^2\, nezumi(m-2)$$
$$\cdots$$
$$= 7^m\, nezumi(m-m)) = 7^m\, nezumi(0)$$
$$= 2 \times 7^m$$

となります．よって，m 月のねずみの数が m のみを使った式で表されたので，

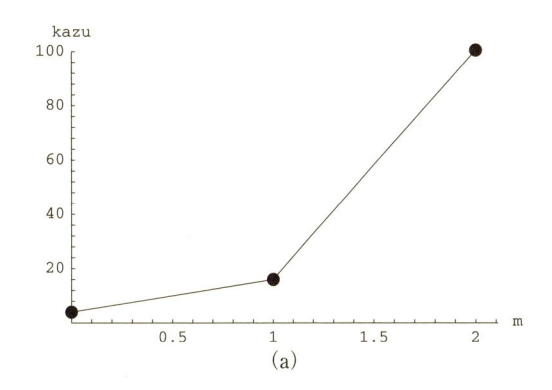

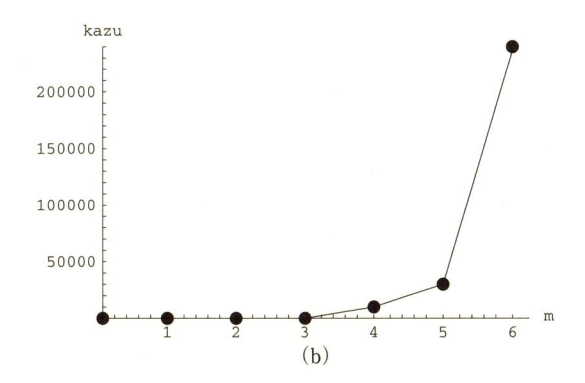

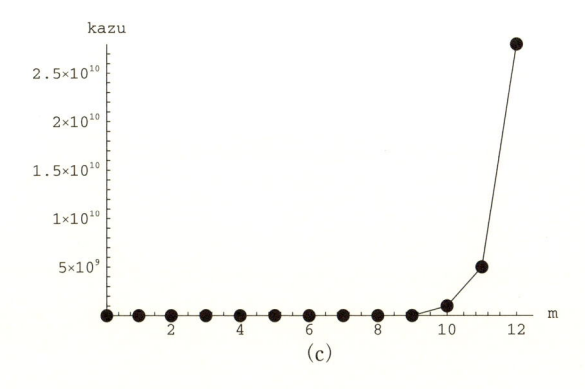

図 **3.3** 関数 $nezumi$ の折れ線グラフ ((a) 2 月まで, (b) 6 月まで, (c) 12 月まで)

関数 $nezumi$ が求まったことになります．それは 7 を底とする指数関数の 2 倍です．

12 月のねずみの数は $m = 12$ を代入して

$$kazu = nezumi(12) = 2 \times 7^{12} = 27682574402 = 2.7682574402 \times 10^{10}$$

となり，276 億 8257 万 4402 匹とわかります．これは辞典に書いてある答えと同じですが，やはり想像を超えた数です．

以上のように，ねずみ算は指数関数的な増加ということがわかりました．そのカラクリは，「子が子を産む」という再生産にあります．将棋盤の場合なら，「増えた分のお金がさらに増えていった」わけです．

細胞分裂や核分裂も分裂したものがさらに分裂していきます．先祖の数も世代をたどるごとに同じように増えていきます．1 枚の紙を繰り返し折る場合もそうです．資本主義社会も「生産したものから得た利益を基にして，また新たな生産を行う (拡大再生産)」ということです．マルチ商法 (ねずみ講) やチェーンレターといわれるものもあります．このように，指数関数は世の中の典型的な変化を表しています．しかし，過去の土地神話や経済成長一辺倒が示すように，限りのある現実世界ではそれは幻想であり，この変化がいつまでも続くことはありえません．

3.2　複利：離散時間の場合

『広辞苑』によるねずみ算の説明では「複利的」という言葉も使われていました．そこで，ねずみ算の代表である複利預金を扱いましょう．

単利の預金を 1, 2 章で扱いましたが，預けたお金は複利で増えるのが普通です．年間の利払い回数が 1 回だけでなく，利払いが半年ごと・月ごと・日ごとと増えていった場合も扱います．

また，次の 3.3 節ではその極限である瞬間ごとに利払いをする「連続複利」を扱います．連続複利は現実の離散時間ごとの複利を連続時間にまで拡張したもので，現実には存在しない理想的な複利ですが，対応する式の扱いやすさから経済や金融の理論面では複利預金のモデルとしてよく使われています．

3.2.1 複利預金

まず，複利の基本的な例題を考えましょう．

例題 3 100 万を年利 5% で年 1 回利払いの複利預金に預けたとき，10 年後と 20 年後の預金総額を求めよ．

利子は一定期間後に元金を基に計算されますが，1 章で述べたように**複利**とは元金にその利子を足したものが新しい元金となり，次の利子はその新しい元金を基に計算されるという利子の計算方法でした．この例題は，年 1 回利払いなので，1 年間分の利子が元金に組み込まれていきます．したがって，複利は「利子が利子を生んでいく」ので，拡大再生産であり指数関数で表されるはずです．そのことを確認してみましょう．

年利 5% というのは，増加する速さをいっています．1 年間単位で考えれば，5% 増えるような速さということです．したがって，それは局所の情報であり差分方程式になり，何年も先の将来受けとる金額が大局の情報で関数となります．1 年ごとに利子が付いて変化するので，1 年単位の離散時間 n で考えるのが自然です．まず，差分方程式を導きましょう．

n 年後の預金額 $okane$ (1 万円を単位) を対応させる関数を $\boldsymbol{fukuri}$ とすれば

$$fukuri : n \to okane \quad \text{つまり} \quad okane = fukuri(n)$$

となります．n は $0, 1, 2, 3, \cdots$ の代表です．

最初の元金 100 万円を 0 年目の預金額と見れば

$$fukuri(0) = 100$$

となります．これが初期条件です．毎年の預金額の差が利子であり，利子は前年までの預金額が元金となりその 5% 分 (100 分の 5 = 0.05) として計算されます．それを記号にすれば，最初の年の変化は

$$\Delta fukuri(0) = fukuri(1) - fukuri(0) = 0.05 \times fukuri(0)$$

であり，次の年やその次の年の変化も同様に

$$\Delta fukuri(1) = fukuri(2) - fukuri(1) = 0.05 \times fukuri(1)$$
$$\Delta fukuri(2) = fukuri(3) - fukuri(2) = 0.05 \times fukuri(2)$$

となります．

したがって，これがどの年 k でも成立しているので，

$$\Delta fukuri(k) \; (= fukuri(k+1) - fukuri(k)) = 0.05 \times fukuri(k)$$

と書けます．k は $0, 1, 2, 3, \cdots$ の代表です．これが，この問題の局所的条件を表す差分方程式です．したがって，「差分係数がいつもそのときの関数の値の定数倍」ということで，今までと同じからくりです．

この差分方程式と初期条件から，折れ線グラフが求まりますし，式の形として求めたければ今までと同様に次のように変形します．

$$fukuri(k+1) = fukuri(k) + 0.05 \times fukuri(k)$$
$$= (1 + 0.05)\, fukuri(k)$$

これは，いつも翌年の預金額は 1.05 倍になるということです．したがって，関数 $fukuri$ が次のように求まります．

$$\begin{aligned}
okane &= fukuri(n) \\
&= (1+0.05)\,fukuri(n-1) = (1+0.05)\,((1+0.05)\,fukuri(n-2)) \\
&= (1+0.05)^2 fukuri(n-2) \\
&\quad \cdots \\
&= (1+0.05)^n fukuri(n-n) = (1+0.05)^n fukuri(0) \\
&= 100\,(1+0.05)^n
\end{aligned}$$

よって，n 年目の預金額が独立変数 n のみを使った式で表されたので，関数 $fukuri$ が求まったことになります．つまり，関数は

$$okane = fukuri(n) = 100 \times 1.05^n$$

であり，n 年目の預金額は 1.05 を底とする指数関数の 100 倍です．

ここで，底 1.05 は元金に相当する 1 に年利 0.05 を足したものということです．それが新たな元金になり同じことが繰り返されるので，底は 1.05 で固定されたまま，繰り返す回数が指数となる指数関数となったわけです．

コメント

同様に考えれば，年利 $r\%$ の複利の n 年後の預金額は，次の式で表されることがわかります．

$$okane = fukuri(n) = fukuri(0) \times (1 + \frac{r}{100})^n$$

したがって，10 年後と 20 年後の預金額は，n に 10 と 20 をそれぞれ代入して計算すれば

$$okane = fukuri(10) = 100 \times 1.05^{10} = 162.8894627$$
$$okane = fukuri(20) = 100 \times 1.05^{20} = 265.3297705$$

となり，それぞれ 162 万 8 千 8 百 9 十 4 円と 265 万 3 千 2 百 9 十 7 円とわかります．この計算は関数電卓などを使うとよいでしょう．結果からわかるのは，最初の 10 年間の増加は 60 万円ぐらいなのに，次の 10 年間は 100 万円以上増加していることです．ちなみに，さらに次の 10 年間では約 170 万円の増加です．このように，後になる程増加が激しくなります．単利の場合は，どの 10 年間も同じ 50 万円の増加ですから対照的です（図 3.4）．

この関数は指数関数を 100 倍していますが，この 100 は元金であるので指数関数の部分は元金から何倍に増えたのかという倍率を示しています．したがって，倍率に注目すれば，複利預金は将棋盤の話と同じく指数関数そのものの増え方です．たとえば，20 年後の預金額は 3 倍弱 ($1.05^{20} \approx 2.65$) でしたが，200 年後には約 1 万 7 千倍強 ($1.05^{200} \approx 17292.58$) となります．つまり，時間は 10 倍ですが預金額は 6 千倍以上になります．

しかし，底が 1.05 と将棋盤の 2 より小さいので増加のスピードは相対的に遅くなり，人間の一生ぐらいでは残念ながら急激な変化を経験できません．実際，50 年預けても 12 倍弱 ($1.05^{50} \approx 11.47$)，将棋盤の問題に相当する 80 年でも 50 倍程度 ($1.05^{80} \approx 49.56$) です．金利が 5% より低ければ，さらに増え方

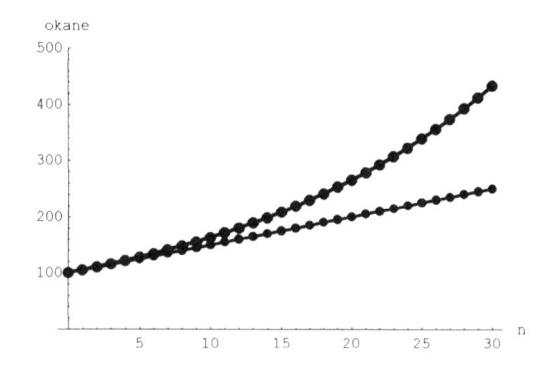

図 3.4 単利と複利のグラフの比較 (細線：単利，太線：複利)

は減ります．

コメント

将棋の例題のように底が 2 $(= 1 + 1)$ となるのは，$(1 = 100$ 分の 100 なので) 年利 100% の場合です．したがって，年利 100% の複利だと 10 年後で千倍以上 ($2^{10} = 1024$)，20 年後で百万倍以上 ($2^{20} = 1048576$)，50 年後だと千兆倍以上 ($2^{50} \approx 1.126 \times 10^{15}$)，80 年後なら 1 兆倍の 1 兆倍以上となります．もちろん，将棋盤の話は日ごとの変化でしたから，それは日ごとの金利 (日利) 100% の複利預金の場合に相当します．

また，底が 1 $(= 1 + 0)$ となるのは，金利 0% の場合です．もちろん，元金に利子が付かないので何年たってもお金は最初の元金のままです．つまり，1 倍のままです．それは，1 は何乗しても 1 のままということに対応しています．

3.2.2 利払い回数が増えた場合の複利預金

同じ年利 5% の複利預金で，年間利払い回数を増やした場合の預金額の変化を調べてみましょう．次の例題で考えます．

例題 4 100 万を年利 5% で半年ごと利払いの複利預金に預けたとき，10 年後と 20 年後の預金総額を求めよ．さらに，月ごと，日ごとと利払い回数が増えたときを調べ，比較せよ．

a. 半年ごとの利払い

まずは，半年ごとの利払いの場合を考えます．利払いが半年ごとなので，半年複利ということになりますが，その半年ごとの金利が与えられていません．したがって，年利 5% から半年間の金利をどのように決めるかが問題ですが，期間に比例するとして半分にするのが慣例です．したがって，年利 5% で半年複利とは半年ごとの金利 5/2% で半年複利ということになります．

半年複利なので半年を単位時間と考えるのが自然ですが，ここでは利払い回数の違いがどのように預金額に影響するのかを調べたいので，時間の単位は前と同じ 1 年のままにしておきます．したがって，離散時間を表すのに整数以外も出てくるので注意してください．

1 年単位の時間変数を n とします．1 年が 1 なので半年は 1/2 と表され，したがって半年ごとの時間変化は

$$n = 0,\ \frac{1}{2},\ 1,\ \frac{3}{2},\ 2,\ \frac{5}{2},\ 3,\cdots$$

となります．

年 2 回の複利という意味で，離散時間 n から預金額 $okane$ への対応を添え字を使って関数 $fukuri_2$ とします．しかし，これでは少し長いので，簡単に f_2 としておきましょう．つまり，

$$f_2 : n \to okane \quad \text{または} \quad okane = f_2(n)$$

です．

初期条件は

$$f_2(0) = 100$$

です．次に，半年間の預金額の変化を差分方程式にします．半年間の預金額の増加額 (差分係数) は，それまでの預金額が元金となりその 5/2% ですから，たとえば最初の半年の変化は

$$f_2\left(\frac{1}{2}\right) - f_2(0) = \frac{0.05}{2} \times f_2(0)$$

です．さらに次の半年やその次の半年の変化は

$$f_2(1) - f_2\left(\frac{1}{2}\right) = \frac{0.05}{2} \times f_2\left(\frac{1}{2}\right)$$

$$f_2\left(\frac{3}{2}\right) - f_2(1) = \frac{0.05}{2} \times f_2(1)$$

となります．

したがって，これがどの半年間でも成立しているので，

$$\Delta f_2(k) \ \left(= f_2\left(k+\frac{1}{2}\right) - f_2(k)\right) = \frac{0.05}{2} \times f_2(k)$$

という差分方程式が得られます．変数 k は，$0, 1/2, 1, 3/2, 2, 5/2, 3, \cdots$ の代表です．ここで，$\Delta f_2(k)$ の意味は，k と隣の $k+1/2$ との預金額の差です．文脈から，k と $k+1$ の差でないことを注意しておきます．

解を求めるには，今までと同様にして

$$f_2\left(k+\frac{1}{2}\right) = \left(1 + \frac{0.05}{2}\right) f_2(k)$$

と変形します．ある時点の預金額はいつも半年前の $(1+0.05/2)$ 倍ということなので，n 年後の預金額は，この関係を使って半年ずつ戻すことを繰り返していけば，初期条件である 0 年目の預金額から求まることになります．その繰り返し回数は，n から $1/2$ ずつ引きながら 0 にする引き算の回数ですから $2n$ 回です．n 年間に半年は $2n$ 回あるということです．つまり，次のようになります．

$$\begin{aligned}
okane &= f_2(n) \\
&= \left(1 + \frac{0.05}{2}\right) f_2\left(n - \frac{1}{2}\right) \\
&= \left(1 + \frac{0.05}{2}\right)^2 f_2\left(n - \frac{2}{2}\right) \\
&\cdots \\
&= \left(1 + \frac{0.05}{2}\right)^{2n} f_2\left(n - \frac{2n}{2}\right) = \left(1 + \frac{0.05}{2}\right)^{2n} f_2(0) \\
&= 100 \left(1 + \frac{0.05}{2}\right)^{2n}
\end{aligned}$$

したがって，関数 f_2 は

$$okane = f_2(n) = 100 \times 1.025^{2n}$$

と求まりました.

年1回利払いの場合の関数 $fukuri(n) = 100 \times 1.05^n$ と比べると,底は少し減りますが指数が2倍に増えています.これは預金額にどのような影響を与えるでしょう.10年後と20年後の預金額は

$$okane = f_2(10) = 100 \times 1.025^{2 \times 10} = 100 \times 1.025^{20} = 163.862$$
$$okane = f_2(20) = 100 \times 1.025^{2 \times 20} = 100 \times 1.025^{40} = 268.506$$

であり,それぞれ約163万8千6百2十円,268万5千6十円となります.したがって,年1回から2回利払いにすると,10年後で1万円,20年後で3万円強増えることがわかります.

ここで年複利と半年複利の貯金額の変化の違いをグラフで見てみましょう(図3.5).

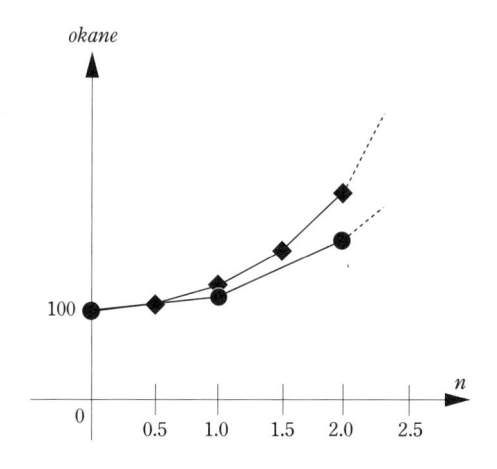

図 **3.5** 年複利と半年複利のグラフの比較 (●:年複利,◆:半年複利)

年複利と半年複利の比較のグラフからは,半年複利の方が預金額が大きくなるのは当然であることわかります.金利を期間に比例して決めていますから,2

つの折れ線グラフの最初の線分の半年間は一致しています．しかし，次の半年間では半年複利はその増えた預金額を基に利子を計算しますから，半年複利のグラフは年複利のグラフの上のほうに飛び出していき，時間が経つほどその差は開いていくことになります．

したがって，利払い回数をさらに増やせば，預金額はさらに大きくなっていくこともわかります．しかし，どれだけ増えていくのでしょうか．次のような疑問が生じます．

> 年間利払い回数をどんどん増やせば (最終的に無限回にすれば)，預金額はどんどん増えて 10 年後や 20 年後に無限の富を得られるのでしょうか，それとも限界があってある金額以上は増えないのでしょうか？

この疑問に答える複利預金が「連続複利」ですが，まずは月ごとと日ごと利払いの場合の預金額も求めてみて，もう少し様子を見ることにしましょう．

b. 月ごとの利払い

月ごと利払いは，利払い回数が年 12 回となり半年複利の 6 倍ですがどうなるでしょうか．月複利ということであり，対応する月利は期間に比例して，年利 5% の 12 分の 1 となります．また，月ごとの時間変化は

$$n = 0, \frac{1}{12}, \frac{2}{12}, \frac{3}{12}, \ldots, 1, \frac{13}{12}, \frac{14}{12}, \ldots, 2, \frac{25}{12}, \ldots$$

と 1/12 おきの数値となります．

年 12 回の複利なので，離散時間 n から預金額 $okane$ への対応を関数 $\boldsymbol{f_{12}}$ とします．つまり，

$$f_{12} : n \to okane \quad \text{または} \quad okane = f_{12}(n)$$

です．

初期値は

$$f_{12}(0) = 100$$

です．差分方程式に関しては，月複利の意味からどの月の預金額の差も元金の

5/12% ですから

$$\Delta f_{12}(k) \left(= f_{12}\left(k + \frac{1}{12}\right) - f_{12}(k)\right) = \frac{0.05}{12} \times f_{12}(k)$$

となります．変数 k は，$0, 1/12, 2/12, 3/12, \ldots$ の代表です．

解は，今までと同様に変形すれば

$$f_{12}\left(k + \frac{1}{12}\right) = \left(1 + \frac{0.05}{12}\right) f_{12}(k)$$

となり，次のように求まります．

$$\begin{aligned}
okane &= f_{12}(n) \\
&= \left(1 + \frac{0.05}{12}\right) f_{12}\left(n - \frac{1}{12}\right) \\
&= \left(1 + \frac{0.05}{12}\right)^2 f_{12}\left(n - \frac{2}{12}\right) \\
&\cdots \\
&= \left(1 + \frac{0.05}{12}\right)^{12n} f_{12}\left(n - \frac{12n}{12}\right) = \left(1 + \frac{0.05}{12}\right)^{12n} f_{12}(0) \\
&= 100 \left(1 + \frac{0.05}{12}\right)^{12n}
\end{aligned}$$

したがって，関数 f_{12} は

$$okane = f_{12}(n) = 100 \left(1 + \frac{0.05}{12}\right)^{12n}$$

です．ここで指数 $12n$ は，n 年間における月複利の繰り返し回数です．

この指数関数は半年複利と比較してさらに底が減りますが，指数は 6 倍に増えています．10 年後と 20 年後の預金額は

$$f_{12}(10) = 100 \left(1 + \frac{0.05}{12}\right)^{12 \times 10} = 100 \left(1 + \frac{0.05}{12}\right)^{120} = 164.701$$

$$f_{12}(20) = 100 \left(1 + \frac{0.05}{12}\right)^{12 \times 20} = 100 \left(1 + \frac{0.05}{12}\right)^{240} = 271.264$$

であり，それぞれ約 164 万 7 千十円と 271 万 2 千 6 百 4 十円となります．預金

額は半年複利に比べ 10 年後で 9 千円弱，20 年後で 3 万円弱増えますが，年複利から半年複利への増加より少し減っており，利払い回数の増加から期待されるほど増えていないことがわかります．

c. 日ごとの利払い

それでは，毎日利払いした場合を考えましょう．1 年を 365 日とすると利払い回数は年に 365 回となり月複利のさらに 30 倍ですが，どのくらい預金額は増えるのでしょうか？

日ごとの複利であり，対応する日利は年利 5％ の 365 分の 1 となります．また，日ごとの時間変化は

$$n = 0, \ \frac{1}{365}, \ \frac{2}{365}, \ \frac{3}{365}, \ldots, \ 1, \ \frac{366}{365}, \ \frac{367}{365}, \ldots, \ 2, \ \frac{731}{365}, \ldots$$

と 1/365 おきの数値で表されます．年 365 回の複利なので，離散時間 n から預金額 $okane$ への対応を関数 $\boldsymbol{f_{365}}$ としましょう．つまり，

$$f_{365} : n \to okane \quad \text{または} \quad okane = f_{365}(n)$$

です．

今までのことから関数 f_{365} は次のようになることが予想されますし，実際そうなることもわかるでしょう．

$$okane = f_{365}(n) = 100 \left(1 + \frac{0.05}{365}\right)^{365n}$$

この関数は月複利と比較してさらに底が減りますが，指数は 30 倍以上に膨れあがっています．10 年後と 20 年後の預金額は

$$f_{365}(10) = 100 \left(1 + \frac{0.05}{365}\right)^{365 \times 10} = 100 \left(1 + \frac{0.05}{365}\right)^{3650} = 164.866$$

$$f_{365}(20) = 100 \left(1 + \frac{0.05}{365}\right)^{365 \times 20} = 100 \left(1 + \frac{0.05}{365}\right)^{7300} = 271.81$$

であり，それぞれ約 164 万 8 千 6 百 6 十円と 271 万 8 千百円となります．預金額は月複利に比べ 10 年後で 2 千円弱，20 年でも 6 千円弱しか増えていません．

表 3.2 利払い回数の違いによる預金額の比較 (元本 100 万円)

年間利払い回数	10 年後	20 年後
1	162.8894	265.3297
2	163.8616	268.5063
12	164.7009	271.2640
365	164.8664	271.8095

利払い回数が 30 倍になっても，預金額の増加は今までに比べかなり縮まっていることがわかります (表 3.2)．

以上のことから，利払い回数をいくら増やしても，10 年後や 20 年後に受けとれる金額には限界があるように思えます．実際にどうなるのかは次の節で考えてみましょう．

3.3 連続複利：連続時間の場合

この節では，さらに利払い回数が増えていった場合の極限を扱います．次の例題を考えましょう．

例題 5 100 万を年利 5% で年間利払い回数がいくらでも増やせる複利預金に預けたとき，10 年後や 20 年後の預金総額はどうなるか．

1 時間ごと，1 分ごと，1 秒ごとのように限りなく時間間隔を短くしていった場合の複利を調べていくことになります．それは，たとえば，さらに半分ずつにしていくと，0.5 秒ごと，0.25 秒ごと，0.125 秒ごと，…のように永遠に続いていきます．対応して年間利払い回数はどんどん大きくなっていきます．そしてその永遠の先 (極限) が 0 秒 (「瞬間」) であり，年間利払い回数が**無限大**に対応します．それ以上時間を短くすることができない行き止まりです．しかし，永遠に時間が短く (または，利払い回数が多く) なっていくだけで，0 (または，無限大) には決して届かないのです．0 秒になれば，時間がなくなり利子が付かなくなってしまいます．

したがって，前節と同じようなことをいくらやっても永遠に終わりません．それではどうするのかというと，年間利払い回数 (または，時間間隔) を特定しないようにするしかありません．つまり，年間利払い回数を「変数」にしてしまいます．そうすると，いくらでもあるあらゆる利払い回数の複利預金を同時に扱ったことになるわけです．トリックです．したがって，それらの行きつく先である年間利払いが無限回の複利預金にもアプローチできることになります．

このような年間利払いが無限回の複利を**連続複利**といいます．ヤコブ・ベルヌーイ (1654–1705) というスイス人が名付けました．年間でなくても月間でも何でも同じことです．「有限時間」内に無限回の利払いがあるというところが大切です．

どの瞬間も利子が元金に足される複利貯金と考えられます．本来，複利とは離散時間で飛び飛びの時間ごとに行われますが，それを「連続時間」にまで拡張しているので連続複利というわけです．

連続複利は無限を含んでいますし，お金を瞬間ごとに複利で回すことなど実際にはできませんから，それは我々の頭の中だけにある理想化された複利です．しかし，例題はこの連続複利を調べなさいということをいっています．

例題に答えるだけならば，年間利払い回数を変数にしたまま，今までと同様に差分方程式を導き，その解である関数を求め，それからその関数において年間利払い回数を大きくしていった場合の極限を求めればよいわけです (結局のところ，その関数は今までの関数において年間利払い回数のところを変数にすればよいだけなので，極限をとるところだけが問題です)．しかし，ここでは連続複利を今までと同様に局所・大局という流れに乗せて，ゆっくりと考えていきたいと思います．

したがって，これからの話の流れは次のようになります．連続複利は連続時間の変化であり，その局所は微分方程式で表されるはずです．そして，連続複利は (離散) 複利の極限ですから，その微分方程式は年間利払い回数を変数とする差分方程式の極限として求まるはずです．「どのような微分方程式になるのでしょうか？」まず，そのことを考えてみます．

次に，その微分方程式を解くことになりますが，微分方程式が差分方程式の極限として導びかれるのですから，その解も差分方程式の解の極限として求ま

るはずです．つまり，微分方程式を直接解くのではなく，差分方程式を介して間接的に解くことになります．その解はどのような関数となるのでしょうか．それがわかれば例題が解けたことになるわけです．

コメント

微分積分を学んでいれば，求まった微分方程式を直接解くことができます．それは，解の候補を前もって学んでいるからです．ここでは，微分積分の知識を仮定していないため，微分方程式の解を離散の場合から作り出しますが，連続複利の意味から考えればこれが自然なアプローチです．

3.3.1 連続複利の微分方程式

それでは，連続複利の微分方程式を求めてみましょう．連続複利は，先に述べたトリックを使って，年間利払い回数をたとえば変数 i とし，その i をどんどん大きくしていったときを考えればよいわけです．連続複利を表す微分方程式なら，年間 i 回利払いの場合の差分方程式を求めてから，その i をいくらでも大きくした極限を考えればよいことになります．

まずは，連続複利を表す関数が存在すると仮定しておきます．想像上の連続複利ですから，この関数があるのかまだわかっていないからです．その関数名を連続を表す英語 (continuous) の頭文字を添え字に使い $\boldsymbol{f_c}$ としましょう．それは連続時間 t 年目の預金額 $okane$ を対応させるので

$$f_c : t \to okane \quad \text{または} \quad okane = f_c(t)$$

です．

次に，年間利払い回数が i 回の場合の複利を考えます．これは現実的に捉えられるものです．その関数名を i を添え字に使って $\boldsymbol{f_i}$ とすれば，それは離散時間 n 年目の預金額 $okane$ を対応させますから

$$f_i : n \to okane \quad \text{または} \quad okane = f_i(n)$$

です．

今までと同じく t も n も 1 年を単位とする時間変数です．1 年が 1 なので 1

回の利払い期間は $1/i$ (年間) となりますが,それを簡潔に変数 h としておきましょう.つまり,
$$h = \frac{1}{i}$$
です.すると,f_i は h 期間ごとの複利を表しますから,時間変数 n は

$$n = 0,\ h,\ 2h,\ 3h,\ldots,\ 1,\ 1+h,\ 1+2h,\ldots,\ 2,\ 2+h,\ 2+2h,\ldots$$

と h おきの飛び飛びの時間を動いていきます.

ここで年間利払い回数 i を大きくしていくと,当然離散時間 n の時間間隔 h はどんどん短くなり 0 に近づいていきます.離散時間の刻み幅がどんどん細かくなるわけです.たとえば,h は $i = 2$ なら半年,$i = 365$ なら 1 日,$i = 365 \times 24 = 8760$ なら 1 時間,$i = 365 \times 24 \times 60 = 525600$ なら 1 分,$i = 365 \times 24 \times 60 \times 60 \times 60 = 31536000$ なら 1 秒ということです.これは永遠に終わりませんが,i を無限大にした想像上の終着点 (極限) が時間間隔 $h = 0$ であり,瞬間ごとの複利である連続複利に対応することになります.したがって,その意味から,i を大きくしていくと離散時間 n は連続時間 t に,関数 f_i は関数 f_c に近づいていくと考えられます.

さて,関数 f_i が満たすべき差分方程式は今までと同様に求まります.$1/i$ 年間の金利は年利 5% の i 分の 1 ですから

$$\Delta f_i(k)\ \left(= f_i\left(k+\frac{1}{i}\right) - f_i(k)\right) = \frac{0.05}{i} \times f_i(k)$$

となります.$1/i$ の代わりに h を使えば

$$\Delta f_i(k)\ \left(= f_i(k+h) - f_i(k)\right) = 0.05 \times h \times f_i(k)$$

です.ここで変数 k は,

$$0,\ h,\ 2h,\ 3h,\ldots,\ 1,\ 1+h,\ 1+2h,\ldots,\ 2,\ 2+h,\ 2+2h,\ldots$$

の代表です.

この差分方程式の利払い回数 i を無限大にすれば,連続複利に対応する微分方程式が得られるはずです.しかし,差分方程式の i を大きくしていくと,h

が 0 に近づいていくので，差分方程式の両辺は 0 に近づいていきそうです (関数 f_i も i とともに変化していくことに注意してください). これでは差分方程式の情報がなくなってしまい困るので，差分方程式の両辺を h で割って

$$\frac{f_i(k+h) - f_i(k)}{h} = 0.05 \times f_i(k)$$

と変形しておきます．この左辺の比は，$h = 1/i$ 期間における預金額の増える「平均の速さ」を表しています．

ここで，改めて両辺の i をどんどん大きくしていった (h を 0 に近づけていった) 極限を考えます．まず右辺は，f_i が f_c になり，同時に離散時間 k は連続時間を表す s になると考えられます (n が t になるのと同じです)．ここで，s は局所的な場合に使う連続時間でした．したがって，右辺の極限は $0.05 \times f_c(s)$ となります．

左辺は，i を大きくして (h を 0 に近づけて) いくと「比」の値が変化していきますが，その行き先が何かということです．h を 0 に近づけていけば，分母と分子は両方とも 0 に近づくので，それらの比の値がどうなるかわかりません．したがって，ここで困ってしまいますが，分子に関しては f_i の極限が f_c になり，k の極限が s になることを思えば，比の極限は次の比の極限に等しくなりそうなことが予想されるでしょう (ここは直感的な理解で十分です).

$$\lim_{h \to 0} \frac{f_c(s+h) - f_c(s)}{h} = \lim_{h \to 0} \frac{f_i(k+h) - f_i(k)}{h}$$

この極限は，s 時点における連続複利の預金額の増加の「瞬間の速さ」であり，つまり関数 f_c の s 時点での微分係数 $f_c'(s)$ です．

以上のことから，差分方程式の極限として

$$f_c'(s) = 0.05 \times f_c(s)$$

という微分方程式が得られます．s に条件はないので，どの瞬間でも成立しているということです．導き方から，これが年利 5% の連続複利に対応する微分方程式と考えられます．

この微分方程式は「微分係数がいつもそのときの関数の値の定数倍」という

ことで，今までの差分方程式と基本的に同じことを表しています．ねずみ算のカラクリの連続版ですから，最も基本的な微分方程式です．

この微分方程式自体の意味を少し考えてみましょう．両辺を $f_c(s)$ で割ってみると

$$\frac{f_c'(s)}{f_c(s)} = 0.05$$

となります．ここで，$f_c'(s)$ は預金額の増加の瞬間的な速さ，つまり，利子の付く瞬間的な速さのことです．左辺はそれをその時点の預金額で割っていますから，つまり，「単位預金額 (1 万円) あたりの利子の付く瞬間的な速さ」ということになります．この微分方程式は，それがいつも一定で 5% ということをいっているわけです．この章のこれまでの差分方程式もみな同様に解釈できます．

コメント

ここでは解くときのことを考えて，差分方程式の極限として微分方程式を (少し無理をして) 導びきました．しかし，普通は次のようにして求めます．連続複利の意味から，期間 h を十分小さいとすれば，近似的に

$$f_c(s+h) - f_c(s) \approx 0.05 \times f_c(s) \times h$$

となります．ここで前と同様に情報が失われないように両辺を h で割り

$$\frac{f_c(s+h) - f_c(s)}{h} \approx 0.05 \times f_c(s)$$

としてから，h を 0 に近づけていけば，極限では

$$f_c'(s) = 0.05 \times f_c(s)$$

という等式が得られます．

3.3.2 微分方程式を解く

それでは，連続複利の微分方程式

$$f_c'(s) = 0.05 \times f_c(s)$$

を初期条件

$$f_c(0) = 100$$

のもとで解いて関数

$$f_c : t \to okane$$

を求めましょう．

まず，この微分方程式を図で解いてみます．考え方は差分の場合と同じです．微分係数は求めたいグラフの各時点での「微かな線分」の傾きを表しているので，初期値が定める 0 時点から出発して，逐次的にその時点の微分係数が定める傾きの「微かな線分」をつないでいけば，微分方程式と初期条件を同時に満たすグラフが求まります．

しかし，「微かな線分」を描くのは大変なので，普通は次のようにします．微分係数はグラフの接線の傾きを表していました．したがって，この微分方程式が意味しているのは，

> 各時点の接線の傾きがその時点での関数の値の 0.05 倍に等しくなるようなグラフを求めよ

ということです．そこで，まず平面上の各時点の各値ごとに，その値の 0.05 倍の傾きを持つ線分をたくさん描いておいてから，初期条件が定める出発点を通って，それらの線分に各時点で接するようなグラフを目で見て探し出せばよいということになります（図 3.6 (a)）．

最初に描いた平面上に散らばっている線分の束のことを微分方程式の定める**方向場**といいます．この場合の方向場は，微分係数が関数の値から決まるので，時間によらず値ごとに横一直線で線分の傾きはみな同じですが，値が大きくなるととともにいっせいにそれらの傾きも大きくなっていきます．したがって，出発点からそれらの線分に各時点で接するように求めたグラフは，最初傾きは小さくても時間の経過とともにどんどん傾きが大きくなっていくことになります．このように，方向場を描くことで，微分方程式の解のだいたいの様子がわかります．

たとえば，2 章で扱った微分方程式 $yokin'_c(s) = 0.3$ の場合は，微分係数がいつも 0.3 なので，方向場はすべて同じ傾き 0.3 の線分からなります（図 3.6 (b)）．したがって，それらに接するようなグラフは，傾き 0.3 の直線として求

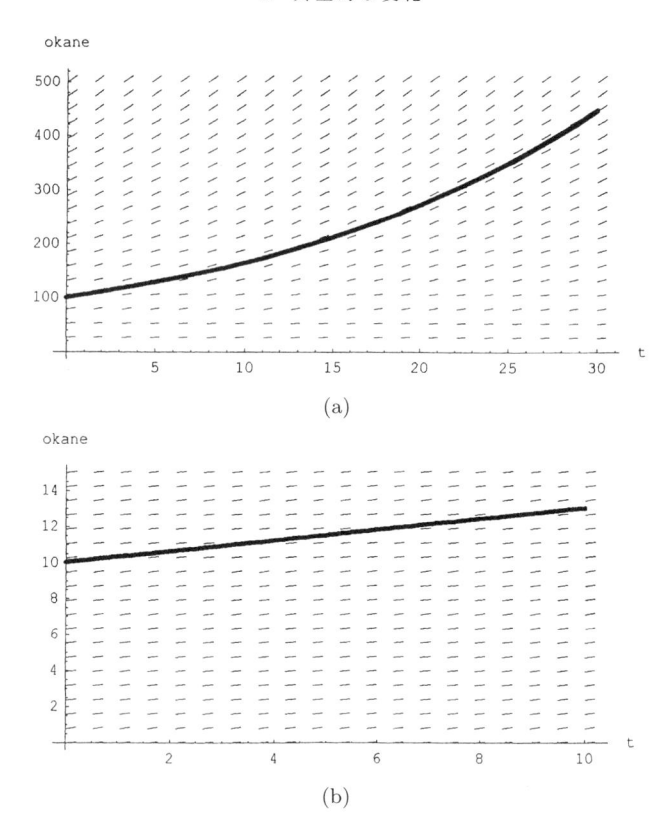

図 3.6　方向場（(a) $f_c'(s) = 0.05 \times f_c(s)$, (b) $yokin_c'(s) = 0.3$）

まります.

それでは，この解を式の形で求めてみましょう．この微分方程式は，年間 i 回利払いの場合の差分方程式の極限として求めました．したがって，微分方程式の解 f_c も，その差分方程式の解 f_i の極限として求まるはずです．

そこで，まず関数

$$f_i : n \to okane$$

を求めましょう．求め方は今までと同じです．n は $0, h, 2h, 3h, \ldots, 1, 1+h, 1+2h, \ldots, (h=1/i)$ の代表でした.

3.3 連続複利：連続時間の場合

年間 i 回利払いの差分方程式は

$$\Delta f_i(k) \left(= f_i\left(k+\frac{1}{i}\right) - f_i(k)\right) = \frac{0.05}{i} \times f_i(k)$$

でしたから，変形して

$$f_i\left(k+\frac{1}{i}\right) = f_i(k) + \frac{0.05}{i} \times f_i(k)$$
$$= \left(1 + \frac{0.05}{i}\right) f_i(k)$$

となります．

よって，n 年後の預金額はこの関係式を使って $1/i$ 年ずつ逆に戻していくことを繰り返していくことで，初期条件である 0 年目の預金額から求まります．その繰り返し回数は，年間 i 回ですから n 年間には i 倍の $i \times n$ 回です．したがって，

$$okane = f_i(n)$$
$$= \left(1 + \frac{0.05}{i}\right) f_i\left(n - \frac{1}{i}\right)$$
$$= \left(1 + \frac{0.05}{i}\right) \left(\left(1 + \frac{0.05}{i}\right) f_i\left(\left(n - \frac{1}{i}\right) - \frac{1}{i}\right)\right)$$
$$= \left(1 + \frac{0.05}{i}\right)^2 f_i\left(n - \frac{2}{i}\right)$$
$$\cdots$$
$$= \left(1 + \frac{0.05}{i}\right)^{i \times n} f_i\left(n - \frac{i \times n}{i}\right) = \left(1 + \frac{0.05}{i}\right)^{i \times n} f_i(0)$$
$$= 100 \left(1 + \frac{0.05}{i}\right)^{i \times n}$$

となります．つまり，年 i 回利払いの関数 f_i は

$$okane = f_i(n) = 100 \left(1 + \frac{0.05}{i}\right)^{i \times n}$$

と求まりました．

それでは，微分方程式の解 f_c を求めましょう．それは，この関数 f_i の i を大きくしていった極限 ($\lim_{i \to \infty}$) を考えればよいわけです．記号では

$$okane = f_c(t) = \lim_{i \to \infty} f_i(n)$$
$$= \lim_{i \to \infty} 100 \left(1 + \frac{0.05}{i}\right)^{i \times n}$$

となります．ここで，t は任意のある実数を固定して考えており，n は i ととも刻み幅が細かくなりながら，その t に近づいていくと考えます．しかし，n はほぼ固定していると考えてもよいでしょう．

上の式で右辺の 100 は i に影響されないので極限の外に出すことができ

$$f_c(t) = 100 \left(\lim_{i \to \infty} \left(1 + \frac{0.05}{i}\right)^{i \times n}\right)$$

と変形できます．したがって，f_c を求めるには次の式で i を大きくしていった極限

$$\left(1 + \frac{0.05}{i}\right)^{i \times n}$$

を考えればよいことになります．これは i を変化させると底も指数も両方とも変化するので，扱いが難しいです．つまり，i に関しては指数関数ではありません．したがって，この式のままではよくわからないので，底と指数の関係を見やすくするために次のように変形します．

$$\left(1 + \frac{0.05}{i}\right)^{i \times n} = \left(1 + \frac{1}{\frac{i}{0.05}}\right)^{\frac{i}{0.05} \times 0.05n}$$
$$= \left(\left(1 + \frac{1}{\frac{i}{0.05}}\right)^{\frac{i}{0.05}}\right)^{0.05n}$$

ここで，指数の掛け算に関する次の性質を使っています．たとえば，

$$2^{12} = 2^{4 \times 3} = (2^4)^3$$

という等式が成り立ちますが，それは右辺の 2^4 の 3 乗が「2 を 4 回かける」ことを 3 回するということなので結局 2 を $4 \times 3 = 12$ 回かけているからです．この関係は底や指数に関わらずいつも成立しているので，上では指数 $i \times n$ を $i/0.05$ と $0.05n$ の積に分解したわけです．ちなみに指数 $i \times n$, $i/0.05 = 20i$ は

自然数ですが，$0.05n$ は一般に自然数ではなくなります．

この変形した式で i を無限大にしたときを考えます．i を無限大にすると n は t になるので，外側の指数 $0.05n$ は $0.05t$ になると考えられます．よって，その底の部分 $(1+1/(i/0.05))^{i/0.05}$ が，i を無限大にしたときにどうなるかが問題です．

実際には，指数 $0.05n$ と底 $(1+1/(i/0.05))^{i/0.05}$ は同時に変化していくので，このように分けて考えるのは注意を要しますが，この場合は $0.05n$ がほとんど変化しない（$0.05t$ への収束が速い）と見られるので問題ありません．しかし，一般にはこのように分けて考えることはできません（以下はその例でもあります）．

次に，その底の部分の極限

$$\lim_{i \to \infty} \left(1 + \frac{1}{\frac{i}{0.05}}\right)^{\frac{i}{0.05}}$$

を考えます．これも i を変化させると底も指数も変化しますが，同じ部分があります．指数部分をひとまとめにして

$$m = \frac{i}{0.05}$$

とおくと，i の代わりに m を大きくしていけばよいので，結局次の極限を求めればよいことになります．

$$\lim_{m \to \infty} \left(1 + \frac{1}{m}\right)^m$$

つまり，$(1+1/m)^m$ において m をどんどん大きくしたときはどうなるかということです．これに関しては，たとえば次のような 4 通りの可能性が考えられるでしょう．

① 極限をとるのに前と同じく底と指数に分けて考えると，底の部分 $1+1/m$ は m を無限大にすると 1 になってしまい，1 は何乗しても 1 のままだから，結局 $(1+1/m)^m$ は 1 に近づく．
② 底 $1+1/m$ はどんな m に対しても 1 より大きく，1 より大きい数を累乗

していくと将棋盤上の話と同じとなり，結局 $(1+1/m)^m$ は限りなく大きくなる (無限大).
③ 底 $1+1/m$ は 1 より大きいが m を大きくすると減っていくのに対し，指数 m は増えていく．それらを同時に考慮すれば，1 にも無限大にも行かずにその間のある値に落ち着く．
④ または，ある一定の値に落ち着かないで，大きくなったり小さくなったりと振動し続ける．

他の場合も考えられるかもしれませんが，どれになるのか自分なりに予想してみてください．

どれが正しいかは実際に，m に具体的な値を入れて計算してみれば見当がつくはずです．電卓を使った結果は，次のようになります．

$$(1+1/1)^1 = 2$$
$$(1+1/2)^2 = 2.25$$
$$(1+1/3)^3 = 2.370370\ldots$$
$$(1+1/10)^{10} = 2.59374246\ldots$$
$$(1+1/100)^{100} = 2.704813829\ldots$$
$$(1+1/1000)^{1000} = 2.716923932\ldots$$
$$(1+1/10000)^{10000} = 2.718145927\ldots$$
$$(1+1/100000)^{100000} = 2.718268237\ldots$$
$$(1+1/1000000)^{1000000} = 2.718280469\ldots$$

以上から，m を大きくすると $(1+1/m)^m$ の値も大きくなっていきますが，増え方は次第に減っていくことがわかります．したがって，どうも ③ の考え方が正しくて，ある固有の値に近づいていくのではないかと思われます．しかし，m はいくらでも大きな値をとれますから，正確なことはこのような計算だけではわかりません．

理論的に考えることで，ある固有の値に近づいていくことが示せます．その

値は
$$e = 2.718281828459045235360287471352662497757 2\ldots$$

と小数点以下「規則性もなく」無限に続く数であり，簡潔に記号 e で表わします (18 世紀オイラーによる). つまり，我々は e にいくらでも近づくことはできますが，e のすべてを具体的に表すことはできません. しかし，理論的には e を捉えることができるので，存在していると考えられます.

コメント

$(1+1/m)^m$ の意味は，年利 10 割 $(= 1)$ で年 m 回利払いの複利預金に預けたとき，1 年後に元金が何倍になるかということです. 10 割ですから年 1 回なら 1 年後に 2 倍になります. 先走っていうと，ここでの議論はどんなに複利の回数を増やしても e が限界の倍率であり，せいぜい 3 倍弱程度にしかならないということです.

ところで，整数の比で表せる数を**有理数**，そうでない数を**無理数**といいます. したがって，整数や分数は有理数です. また，有理数を小数で表してみると，無限に続く場合は「循環した数」が必ず現れてきます. たとえば，

$$\frac{1}{7} = 0.142857\,142857\,142857\,142857\ldots$$

です. 逆もいえて，無限に循環する部分を持つ小数は，有理数になります. たとえば，

$$0.123\,123\,123\,123\,123\ldots$$

は有理数です. 3 桁ごとに繰り返すので，千倍すると

$$123.123\,123\,123\,123\,123\ldots$$

となり，小数点以下はまったく同じです. よって，2 つの引き算をすると小数点以下がきれいになくなってしまい 123 となりますが，その数は元の数を千倍した数から元の数を引いたものですから，結局元の数の 999 倍ということです. したがって，元の数は 123 を 999 で割れば出てくるので，つまり

$$\frac{123}{999} = 0.123\,123\,123\,123\,123\ldots$$

となるからです．

　以上のことから，無理数は小数で表すと「規則性もなく無限に続く数字の列」ということになります．本質的に無限を含んでいるわけです．したがって，e も無理数です．平方根 $\sqrt{2}$ や円周率 π などもそうです．昔はそんな数があるとは思っていませんでした．ピタゴラスは無理数が直角三角形の斜辺の長さから出てくることを知り衝撃を受け，そのことを秘密にしたといわれています．

> **コメント**
> 　このように書くと無理数は非常に例外的な数のように思われますが，無理数は有理数より桁違いに多く，というよりほとんどの数は無理数と考えられます．どうしてかというと，数字を勝手に並べていったときに，その列が無限に循環するなどということはほとんどありえないことだからです．

　以上のように，無理数 e が連続複利から出てくることを見ましたが，その作られ方からかなり人工的な感じを受けます．しかし，微分方程式においてはとても重要な数です．歴史的にも，16, 7 世紀の商業の発達に伴う複利の計算に起源があるようです．円周率 π の起源が古代にまでたどれるのとは対照的です．

　少し寄り道をしてきましたが，これまでの流れを式にすると

$$okane = f_c(t) = \lim_{i \to \infty} 100 \left(1 + \frac{0.05}{i}\right)^{i \times n}$$

$$= 100 \lim_{i \to \infty} \left(\left(1 + \frac{1}{\frac{i}{0.05}}\right)^{\frac{i}{0.05}}\right)^{0.05n}$$

$$= 100 \left(\lim_{i \to \infty} \left(1 + \frac{1}{\frac{i}{0.05}}\right)^{\frac{i}{0.05}}\right)^{0.05t}$$

と考えてきて，大括弧の中が

$$\lim_{i \to \infty} \left(1 + \frac{1}{\frac{i}{0.05}}\right)^{\frac{i}{0.05}} = e$$

とわかったわけです．

　したがって，これを代入すれば

$$okane = f_c(t) = 100\,e^{0.05t}$$

となり，連続複利を表す関数が求まったことになります．初期条件の 100 万円は $e^{0.05t}$ の前にある係数 100 に現れ，年利 5% は指数部分 $0.05t$ の時間 t にかかった形で現れていることがわかります．つまり，「連続複利で預けると，e を預金期間の年利分累乗した倍率だけ元金が増える」ということになります．連続複利の解は表面上は簡潔に書かれていますが，年間無限回利払いという無限が，この e という無理数に込められていることに注意してください．

結局，この関数が年利 5% の連続複利を表す微分方程式

$$f'_c(s) = 0.05 \times f_c(s)$$

の初期条件 100 万円のもとでの解ということになります．

初期条件が特に決まっていなければ，一般には

$$f_c(t) = f_c(0)\,e^{0.05t}$$

がこの微分方程式を満たしており，元金 $f_c(0)$ はどんな金額でもよいわけです．

以上述べてきた，微分方程式の解の導き方を図式化すると次のようになります．

$$
\begin{array}{ccc}
\Delta f_i(k) = \dfrac{0.05}{i} \times f_i(k) & \xRightarrow{\text{解}} & f_i(n) = f_i(0)\left(1 + \dfrac{0.05}{i}\right)^{i \times n} \\
\Downarrow i \to \infty & & \Downarrow i \to \infty \\
f'_c(s) = 0.05 \times f_c(s) & \xrightarrow{\text{解}} & f_c(t) = f_c(0)\,e^{0.05t}
\end{array}
$$

ここで，矢印 $\Longrightarrow$ は今まで実際に導いてきたことであり，矢印 $\longrightarrow$ はその結果として対応するということです．

したがって，連続複利での 10 年後，20 年後の預金額は

$$f_c(10) = 100\,e^{0.05 \times 10} = 100\,e^{0.5} = 164.8721271\ldots$$
$$f_c(20) = 100\,e^{0.05 \times 20} = 100\,e^1 = 100\,e = 271.8281828\ldots$$

であり，それぞれ約 164 万 8 千 7 百 2 十 1 円，271 万 8 千 2 百 8 十 1 円となることがわかります．この値を求めるには関数電卓を使いましたが，もちろんそれは e の代わりに e の近似値を使っています．

つまり，100 万円を年利 5% で預けて年間利払い回数をいくら増やしたとしても，10 年後や 20 年後の預金額はいくらでも増えるわけではなく，予想通り限界があり，その限界もわかったことになります．また，連続複利を日ごとの複利と比べると預金額の差は 10 年後で百円，20 年後でも 2 百円程度 (月複利に比べてもそれぞれ 2 千円，6 千円程度) であり，預金額や年数の割には大きな違いはないこともわかります．

a. 導関数

ところで，以上のようにして求めた関数 f_c は，元の微分方程式の解ですから，代入すれば次の等式が得られます (微分方程式の s は t に変えてから代入しています)．

$$(100\,e^{0.05t})' = 0.05 \times 100\,e^{0.05t}$$

これは微分係数に関する等式です．このように微分係数を求める操作は，代表の t 時点で考えているかぎりは，関数から別の関数を導いています．2 章で一般に説明したように，この導かれた関数を**導関数**といい，関数からその導関数を求めることを**微分する**といいます．

この場合は，

$$\text{関数 } 100\,e^{0.05t} \text{ の微分 (導関数) は } 0.05 \times 100\,e^{0.05t}$$

というわけです．また，初期条件が 1 万円であれば，この微分方程式の解は

$$1\,e^{0.05t} = e^{0.05t}$$

ですから，やはり元の微分方程式にこの解を代入すれば

$$(e^{0.05t})' = 0.05\,e^{0.05t}$$

という等式が得られます．つまり，

関数 $e^{0.05t}$ の微分 (導関数) は $0.05 \times e^{0.05t}$

です．微分すると指数部分の係数 0.05 が前に出てくることがわかります．

このことから，0.05 を 1.0 にした場合を考えたくなりますが，それは年利 100% の場合です．年利 5% の場合から類推すれば，年利 100% の連続複利の微分方程式は

$$f_c'(s) = 1.0\, f_c(s)\ (= f_c(s))$$

で，初期条件が 1 万円の場合の解は

$$f_c(t) = 1\, e^{1.0\, t} = e^t$$

となるはずです．したがって，この解を元の微分方程式に代入すれば

$$(e^t)' = e^t$$

というすっきりした等式が得られます．つまり，

　　　関数 e^t は微分しても不変

という特徴を持ちます．元の微分方程式自体が「微分で不変な関数があれば求めなさい」と読めますから，それに答えた関数なわけです．この意味で，関数 e^t はとても重要です．そのグラフは図 3.7 のようになります．

それでは以下の問題を考えてみてください．

問題 4. 100 万円を年利 5% の日ごとの複利で運用した場合と連続複利では，30 年後にいくらぐらいの差がつくか．

問題 5. 100 万円を年利 0.001% の半年複利預金に預けたとする．預金額の変化を表す差分方程式とその解を今までの結果から推測せよ．次に，それを使い 10 年後と 20 年後の預金総額を求め，年利 5% の場合と比較せよ．また，連続複利の場合で同様のことをせよ．

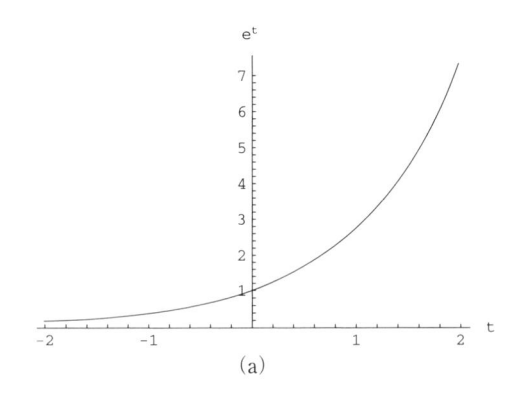

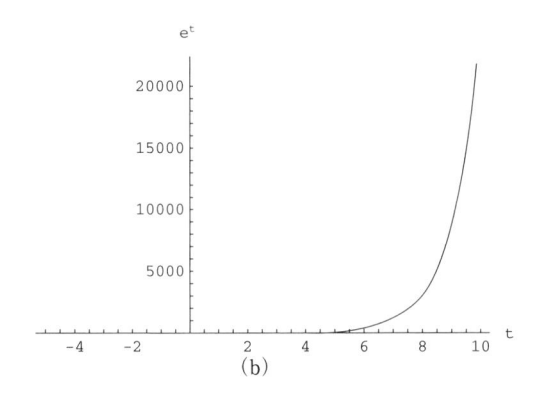

図 3.7 e^t のグラフ ((a) $t \leqq 2$, (b) $t \leqq 10$)

問題 6. 1) 導関数の結果を使って $(e^t)' |_{t=0} = 1$ を示せ.

2) 1) より関数 e^t のグラフの $t = 0$ における接線の傾きはいくらといえるか.

3) $(e^t)' |_{t=0} = 1$ と微分係数の定義より, 等式

$$\lim_{h \to 0} \frac{e^h - 1}{h} = 1$$

を導びけ.

4) $(e^h - 1)/h$ の図形的な意味を与え, 上で導かれた等式の意味を考えよ.

コメント

3) の等式 $\lim_{h\to 0}(e^h-1)/h = 1$ は e の定義からも導びかれます．e の定義は

$$e = \lim_{m\to\infty}\left(1+\frac{1}{m}\right)^m$$

ですから $1/m$ を h とおくと，$m \to \infty$ は $h \to 0$ ということなので

$$e = \lim_{h\to 0}(1+h)^{1/h}$$

です．ここで，h がすでに十分小さいとすれば，だいたい

$$e \approx (1+h)^{1/h}$$

となり，したがって両辺を h 乗すると

$$e^h \approx 1+h$$

です．最後に，両辺から 1 を引いて h で割れば

$$\frac{e^h-1}{h} \approx 1$$

となり，改めて極限をとることで 3) の等式が得られます．

問題 7． 等式 $\lim_{h\to 0}(e^h-1)/h = 1$ を使って，関数 $f_c(t) = 100\,e^{0.05t}$ が微分方程式 $f_c'(s) = 0.05 \times f_c(s)$ を満たすことを確認せよ．

3.4　ローン（借金）

借金の場合も，まったく返済しないでそのままにしていれば，預金と同じからくりで増えていきます．しかも金利は一般に預金の場合よりかなり高いので，指数関数的な予想外の増加を幸か不幸か体験することになります．

たとえば，年利 10 割 (100%) でお金を借りたままにしておけば，借金の増え方は預金の場合で述べたように，10 年で千倍以上，20 年で百万倍以上に膨れあがります．年利 3 割 (30%) なら，10 年で 14 倍弱 ($1.3^{10} \approx 1.378$)，20 年で 190 倍 ($1.3^{20} \approx 190.05$) です．1 年で 3 割だから，10 年で 30 割 (= 3 倍)，20 年で 60 割 (= 6 倍) と単純に考えたくなりますが，それは単利の場合であ

り，そんな借金はないでしょう．

3.4.1 といち

ところで，「といち」といわれる「10日ごとに1割の利子をとる金融」がありますが，それで借りると年利10割どころではありません．金利は1割なので10分の1ですが，利子の付き方が1年 (365日) ごとでなく10日ごとのため複利の回転が36倍以上速いというところが効いてきます．形式的には，指数関数の底は小さくなるのに対し，繰り返し回数である指数部分が36倍以上大きくなるということです．

記号化してみましょう．n 年後の借金額が何倍 bai になるのかを表す関数を $toiti$ とすれば

$$toiti : n \to bai \quad \text{つまり} \quad bai = toiti(n)$$

です．利子は1割付きますから，この指数関数の底は $(1+0.1)$ です．それが10日ごとにまわりますから，n 年だと $36.5n$ 回まわることになります．したがって，今までのことから

$$bai = toiti(n) = (1+0.1)^{36.5n} = 1.1^{36.5n}$$

となることがわかります．

たとえば，1年間借りたままだと約32倍 ($1.1^{36.5} \approx 32.421$) に，10年間だと

$$1.1^{36.5 \times 10} = 1.1^{365} = 1.28330558 \times 10^{15} = 1.28330558 \times 10^3 \times 10^{12}$$

となり，最初に借りたお金の1000兆倍以上！ を返さないといけないことになります．年利10割の千倍どころではないわけです．

3.4.2 ローン返済

借りっぱなしの話をしましたが，まじめに返済のことも考えてみましょう．次の例題で考えます．

3.4 ローン（借金）

例題 6 住宅ローン 1000 万円を月初めに年利 5% の 10 年返済で借る．毎月末に一定額を支払うとして，その支払額を求めよ．また，同じローンを 20 年で返済するときの支払額を求めよ．

これを解くには，一般にローンの返済期間から毎月の支払額がわかる関数を求めればよいわけです．したがって返済期間 n 年に毎月の支払額 p 万円を対応させる関数を **pay** とすれば

$$pay : n \to p \quad \text{つまり} \quad p = pay(n)$$

です．

毎月返済すれば月ごとに元金が減っていきますが，n 年でちょうど残金 (支払い終えてない元金) が 0 円になるように支払額 p を決めるわけです．したがって，まずは支払額 p をわかっているつもりになって毎月の残金の減り具合を調べます．しかし，単純に毎月の支払額分 p だけ減っていくわけではありません．残金には月ごとに利子が付いていくことを忘れないでください．つまり，支払額のすべてが元金の返済に当てられるわけではなく，一部は利子の支払いに当てられます．

それでは，残金の月ごとの変化の様子を調べていきましょう．m 月後の残金を z 万円とし，その間の対応を **zankin** とすれば

$$zankin : m \to z \quad \text{つまり} \quad z = zankin(m)$$

です．最初は残金が元金そのものですから

$$zankin(0) = 1000$$

とします．初期条件です．

1 月目は，元金に月分の利子 (5/12%) が付いて 1 回目の支払いがありますから，結局 1 月目の残金は

$$zankin(1) = 1000\left(1 + \frac{5}{12} \times \frac{1}{100}\right) - p$$

と表せます．2 月目は，その残金に月分の利子が付いて 2 回目の支払いをしま

すから，2 月目の残金は

$$zankin(2) = zankin(1)\left(1 + \frac{5}{12} \times \frac{1}{100}\right) - p$$

です．3 月目も同様に考えれば

$$zankin(3) = zankin(2)\left(1 + \frac{5}{12} \times \frac{1}{100}\right) - p$$

です．

以上のことから，一般に k 月目の残金と翌月 $k+1$ の残金の関係が，次の差分方程式で表されることがわかります．

$$zankin(k+1) = zankin(k)\left(1 + \frac{5}{12} \times \frac{1}{100}\right) - p$$

k は $0, 1, 2, 3, \cdots$ の代表です．したがって，この関係を使えば関数 $zankin$ が今までと同様に求まります．見やすくするために一時的に定数の部分を

$$R = 1 + \frac{5}{12} \times \frac{1}{100}$$

とおいて，差分方程式を

$$zankin(k+1) = zankin(k) \times R - p$$

としておくと

$$\begin{aligned}
z &= zankin(m) \\
  &= zankin(m-1) \times R - p \\
  &= (zankin(m-2) \times R - p) \times R - p = zankin(m-2) \times R^2 - p(1+R) \\
  &= (zankin(m-3) \times R - p) \times R^2 - p(1+R) \\
  &= zankin(m-3) \times R^3 - p(1+R+R^2) \\
  &\quad \cdots \\
  &= zankin(m-m) \times R^m - p(1+R+R^2+\ldots+R^{m-1}) \\
  &= zankin(0) \times R^m - p(1+R+R^2+\ldots+R^{m-1})
\end{aligned}$$

となります．

3.4 ローン（借金）

ここで、m 個の和 $1 + R + R^2 + \ldots + R^{m-1}$ は、隣の項との関係がいつも R 倍という規則性があるので、将棋盤上のお金の総額を求めたのと同じ手法を使えば求まります。つまり、$S = 1 + R + R^2 + \ldots + R^{m-1}$ から両辺を R 倍した $RS = R + R^2 + R^3 + \ldots + R^m$ を引くことで、右辺のほとんどが消えて $S - RS = 1 - R^m$ となり、結局

$$S = \frac{1 - R^m}{1 - R} = \frac{R^m - 1}{R - 1}$$

です。

よって、この和と初期値を代入すれば

$$z = zankin(m) = 1000 \times R^m - p \frac{R^m - 1}{R - 1}$$

となり、m 月後の残金が毎月の支払額 p を使って求まりました。

ところで、問題は n 年後 ($12 \times n$ 月後) に残金を 0 にしたいということですから、m が $12 \times n$ のとき残金 0 であり、したがって上の等式より

$$0 = zankin(12n) = 1000 \times R^{12n} - p \frac{R^{12n} - 1}{R - 1}$$

という等式が得られます。この等式を満たす p が求まれば、それが n 年で完済するための毎月の支払額となります。したがって、この等式を p に関して解くために、まず移項すれば

$$p \frac{R^{12n} - 1}{R - 1} = 1000 \times R^{12n}$$

となり、よって p が

$$p = 1000 \times R^{12n} \times \frac{R - 1}{R^{12n} - 1} = \frac{1000(R - 1)R^{12n}}{R^{12n} - 1}$$

と求まりました。つまり、関数 $p = pay(n)$ を表す式がわかったことになります。R を元に戻して書けば

$$p = pay(n) = \frac{1000 \times \frac{5}{12} \times \frac{1}{100} (1 + \frac{5}{12} \times \frac{1}{100})^{12n}}{(1 + \frac{5}{12} \times \frac{1}{100})^{12n} - 1}$$

です。

したがって，10 年で完済するためには n に 10 を代入して電卓などで計算すると

$$p = pay(10) = \frac{1000 \times \frac{5}{12} \times \frac{1}{100}(1 + \frac{5}{12} \times \frac{1}{100})^{120}}{(1 + \frac{5}{12} \times \frac{1}{100})^{120} - 1} = 10.60655$$

となり，毎月の支払額は約 10 万 6 千円とわかります．20 年なら n に 20 を代入して

$$p = pay(20) = \frac{1000 \times \frac{5}{12} \times \frac{1}{100}(1 + \frac{5}{12} \times \frac{1}{100})^{240}}{(1 + \frac{5}{12} \times \frac{1}{100})^{240} - 1} = 6.59955$$

となり，毎月の支払額は約 6 万 6 千円とわかります．関数が求まったので，返済期間が何年であってもこのように代入するだけで支払額がわかるわけです．

ちなみに，毎月の支払総額は 10 年の場合で $10.60655 \times 12 \times 10 = 1272.786$ より約 1273 万円，20 年で $6.59955 \times 12 \times 20 = 1583.892$ より 1583 万円となりますから，元金 1000 万円を引けば利子に支払った総額が 10 年で約 273 万円，20 年で約 584 万円ということもわかります．20 年だと随分払っているわけです．

借金 1000 万円で年利 5% の場合を考えましたが，他の場合も同様です．したがって，一般に a 万円を年利 $r\%$ で n 年間借りた場合，毎月の支払額 p を求める式は，上の関数 $p = pay(n)$ の式において 1000 を a に，5 を r に置き換えるだけです．つまり，

$$p = \frac{a \times \frac{r}{12} \times \frac{1}{100}(1 + \frac{r}{12} \times \frac{1}{100})^{12n}}{(1 + \frac{r}{12} \times \frac{1}{100})^{12n} - 1}$$

となります．

この式は，ローンに関する情報がすべて変数 (a, r, n) で表されています．つまり，どんな借金額，年利，返済期間にも応じて毎月の支払額を求めてくれるのでとても便利です．この式も前と同様に金利の部分を

$$R = 1 + \frac{r}{12} \times \frac{1}{100}$$

とまとめておけば

$$p = \frac{a(R-1)R^{12n}}{R^{12n} - 1}$$

と簡潔です (前の R とは 5 が r になっているところが違いますから注意してく

ださい).

借入可能な金額の求め方

また，上の式は 4 つの変数 a, r, n, p の間の関係を定めているので，そのうちのどれか 3 つが決まればそれに応じて他の 1 つが決まりそうです．たとえば，月々の支払額 p を決めておいてから借入可能な金額 a を求めたい場合は (年利 r と返済期間 n は決まっているとして)，上の式を a について解けばよいわけです．分母を払ってから左右を交換することで

$$a(R-1)R^{12n} = (R^{12n} - 1)\,p$$

となり，よって

$$a = \frac{(R^{12n} - 1)\,p}{(R-1)R^{12n}}$$

です．つまり，R を元に戻せば

$$a = \frac{((1 + \frac{r}{12} \times \frac{1}{100})^{12n} - 1)\,p}{(\frac{r}{12} \times \frac{1}{100})(1 + \frac{r}{12} \times \frac{1}{100})^{12n}}$$

となります．

たとえば，月に 5 万円の支払いが可能だとして，年利 5% の 30 年ローンの場合の借入可能金額 a は，それぞれ p, r, n に 5, 5, 30 を代入して計算すればよく

$$a = \frac{((1 + \frac{5}{12} \times \frac{1}{100})^{360} - 1) \times 5}{(\frac{5}{12} \times \frac{1}{100})(1 + \frac{5}{12} \times \frac{1}{100})^{360}} = 931.40808$$

となり，約 930 万とわかります．しかし，年利が 8% と高い場合は (r を 8 にする)，

$$a = \frac{((1 + \frac{8}{12} \times \frac{1}{100})^{360} - 1) \times 5}{(\frac{8}{12} \times \frac{1}{100})(1 + \frac{8}{12} \times \frac{1}{100})^{360}} = 681.41747$$

となり，約 680 万までしか借りられません．

両方とも 30 年間の支払い総額 ($5 \times 12 \times 30$) は同じで 1800 万円ですから，年利 5% で支払総額の半分が，年利 8% だと 6 割以上が利子の支払いに当てられていることがわかります．30 年間も借りると複利の効果が顕著に現れて，借りる方に不利に働くわけです．

4

成　長　現　象
―人口の変化およびカオス―

　3章ではねずみ算や複利預金などを扱いましたが，どれも指数関数的な増加として捉えられました．しかし，それは増え方が永遠に拡大していくものであり，現実にはそのようなことは起こりません．数が多くなると様々な制約から増加が抑えられるからです．この章では，そのような成長が抑制される一般的なモデルを考えます．具体的には，人や虫などの個体数の変化を扱いますが，身長や体重の変化や商品の普及などにも適用できるでしょう．

　また，今までは差分・微分方程式のどちらでもその解の振る舞いは基本的に同じでしたが，ここで扱うモデルはその振る舞いが差分方程式と微分方程式でまったく異なる場合があります．同じ考え方から導かれても，差分方程式の方が桁違いに多様な変化を表現しているのです．

4.1　離散時間の場合：差分方程式

　人口の長期にわたる変動を考えます．人口の変化は基本的には子が子を産んでいく再生産過程なのでねずみ算的に変化していきますが，ある程度増えると食料供給の限界や人口過密による空間の欠乏などにより人口の増加が抑制されると考えられます．ここでは，それを表す簡単な差分方程式を考えることで，その振る舞いを調べてみることにします．

　ある国の人口の年ごとの変化を考えましょう．n 年後の人口を p（人口を表す英語 "population" の頭文字からとりました）とし，その間の関数も同じ p とすれば，人口の変化は

$$p : n \to p \quad \text{つまり} \quad p = p(n)$$

として捉えられます．関数名を従属変数と同じ名前にしましたが，人口 p の時間変化が関数ですから，関数名も同じ p にしておくと記号の節約にもなりわかりやすく便利です．ただ，混乱しないよう注意して下さい．ここで，n は $0, 1, 2, 3, \cdots$ の代表，p は連続で単位は 1 万人としておきます．

まず，局所的な変化を考えます．外国からの流入がないとすれば，ある年 k の 1 年間の人口の変化 $\Delta p(k)\ (= p(k+1) - p(k))$ は，その 1 年間における出生数から死亡数を引けば求まります．今，その出生数のそのときの人口 $p(k)$ に対する比率を出生率 $b(k)$ とし，同じく死亡数の人口 $p(k)$ に対する比率を死亡率 $d(k)$ とすれば，その 1 年間の出生数と死亡数はそれぞれ $b(k)p(k)$ と $d(k)p(k)$ と表せます．したがって，次の等式が得られます．

$$\Delta p(k) = b(k)p(k) - d(k)p(k) = (b(k) - d(k))\, p(k)$$

ここで

$$r(k) = b(k) - d(k)$$

とまとめれば

$$\Delta p(k) = r(k)p(k)$$

という差分方程式になります．

$r(k)$ は k という年の出生率から死亡率を引いたものであり，一般には時間 k とともに変化していきます．差分方程式の両辺を $p(k)$ で割れば

$$r(k) = \frac{\Delta p(k)}{p(k)}$$

ですから，結局，$r(k)$ は k という 1 年間における「単位人口あたり」の増加率 (または，減少率) を意味しています．たとえば，10 万人に対して 2 千人の増加なら

$$r(k) = \frac{0.2}{10} = \frac{0.02}{1} = 0.02$$

ですから，$r(k) = 0.02$ は 1 万人 (単位人口) に対する増加率のことになるわけです．したがって，局所的には，「単位人口あたりの増加率 $r(k)$ が毎年のよ

うに変化するのか」が問題となります．

ところで，$r(k) = -1$ だと，その年の減少率が 100% ということなので，次の年には人がいなくなってしまいます．したがって，

$$r(k) > -1$$

とします．

4.1.1 マルサスのモデル

まず，最も単純に考えて「単位人口あたりの増加率がいつも一定である」

$$r(k) = a \quad (> -1)$$

とします．すると差分方程式 $\Delta p(k) = r(k)\, p(k)$ は

$$\Delta p(k) = ap(k)$$

となりますから，これは年利率が a の複利預金と同じ型の差分方程式です．1798年に人口論を出版したマルサスの名にちなみ，これは**マルサスのモデル**とも呼ばれます．

ここで，a は定数の代表として使っている変数です．このような変数を使うことで，たとえば

$$\Delta p(k) = 0.5 p(k)$$
$$\Delta p(k) = 0.13 p(k)$$
$$\Delta p(k) = -0.98 p(k)$$

などのように，いくらでもある差分方程式 (**差分方程式の族**といいます) を 1 つの式で表すことができます．つまり，a はいろんな値をとることができるという意味で変数ですが，差分方程式として見るときはある特定の定数と考えています．このような a を**パラメータ**といいます．パラメータを使うことで差分方程式の族を一遍に扱うことができるわけです．

この差分方程式 (の族) の解の求め方は，複利の場合と同じです．差分方程

式を
$$p(k+1) = (1+a)\,p(k)$$
と変形してから 3 章と同様に求めれば
$$p = p(n) = p(0)(1+a)^n$$
という指数関数が得られます．ここで，$p(0)\,(>0)$ は初期人口です．

この解は底 $(1+a)$ が 1 より大きければ預金のように n とともに増える一方ですし，1 に等しければ変化しません．さらに，底 $(1+a)$ が 1 より小さければ
$$0.9^2 = 0.81 > 0.9^3 = 0.729 > 0.9^4 = 0.6561 > \cdots$$
のように減る一方です．したがって，a の符号により解の振る舞いは次のように質的に変わることがわかります．

$$a > 0：\quad 人口は指数関数的に増加する$$
$$a = 0：\quad 人口は変化しない$$
$$-1 < a < 0：\quad 人口は指数関数的に減少する$$

図 4.1 はこれら 3 つの代表的な変化です．

増加率がいつも正なら増え続けるし，負なら減り続けるのも当たり前ですが，その増え方や減り方が特徴的です．図からわかるように，「指数関数的な増加」においては増加量が最初は小さかったのがだんだんと大きくなっていくのに対し，「指数関数的な減少」においては減少量が最初は大きくてもだんだんと小さくなっていきます．

マルサスは，この $a > 0$ の場合の変化に注目して人類は深刻な危機に見舞われることを指摘し，不幸が訪れる前に出生率を低く抑える必要があることを提言しました．

4.1.2 離散ロジスティックモデル

マルサスのモデルでは，$a > 0$ の場合はいくらでも増え続けることになりますが，現実にはそのようなことはありえません．次に，そのことを考慮したモ

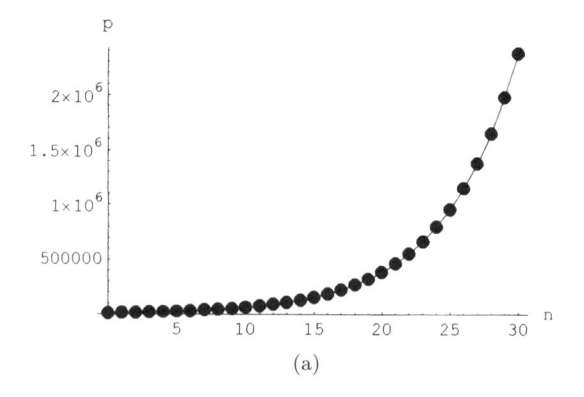

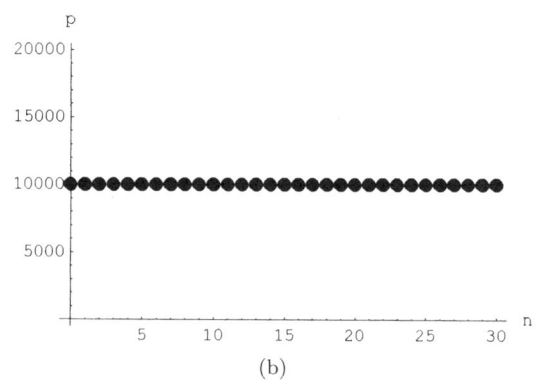

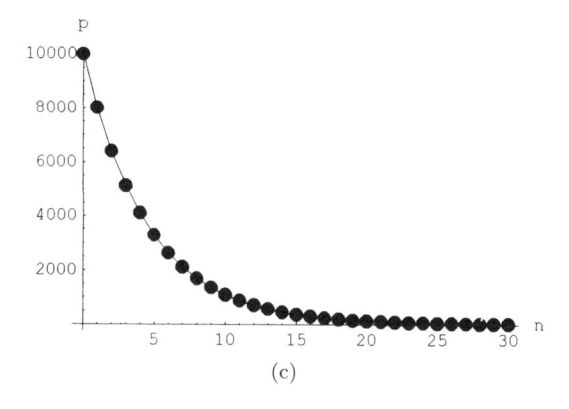

図 4.1　マルサスのモデル ($p(0) = 10000$,　(a) $a = 0.2$,　(b) $a = 0.0$,　(c) $a = -0.2$)

デルを考えましょう．

増加率 $r(k)$ がいつも一定 a としましたが，人口の増加に合わせて「単位あたりの増加率」が減少していくものとします．それを満たす式はいろいろ考えられますが，それらの中で最も単純な次の式

$$r(k) = a - bp(k)$$

を採用しましょう．ここで，a, b は定数で，それぞれの国特有の環境に応じて決まってくるものとし，

$$a > 0, \quad b > 0$$

と考えます．実際に，人口の増加にともなってその定数倍 b が a から引かれますから，人口が多くなるほど増加率が小さくなります．a に比べ b は非常に小さい数と考えられます．

したがって，差分方程式 $\Delta p(k) = r(k)p(k)$ に上の式を代入すると

$$\Delta p(k) = (a - bp(k))\, p(k)$$

という 2 つのパラメータを持つ差分方程式 (の族) が得られます．これを**離散ロジスティック方程式**または**離散ロジスティックモデル**といいます．

ここで，このモデルの特徴をおおまかに見ておきましょう．この式は右辺を展開すると $\Delta p(k) = a\, p(k) - b\, p(k)^2$ となり，右辺はマルサスの式に第 2 項が加わった形になっています．$p(k)$ が小さい (単位人口以下の) ときは，$p(k)^2$ は $p(k)$ に比べてさらに小さくなり，第 2 項はほとんど無視できます．つまり，a は人口が非常に小さいときの増加率に対応しており，人口が小さいうちはマルサスのモデルに近いわけです．しかし，$p(k)$ が大きくなるにつれ，第 2 項の影響が強くなり指数関数的な変化を抑えるようになります．したがって，増えると人口の増加は減少に転じ，減れば増える方向に向かうということを最も簡単な式で表現していることになります．

また，方程式より「$\Delta p(k) = 0$ となるのは，$p(k) = 0$ または $p(k) = a/b$」のときです．つまり，人口がちょうど 0 と a/b のときは，以降の人口は変化しないことになります．同じく「人口が 0 と a/b の間では $\Delta p(k) > 0$ であり，人口

が a/b を超えると $\Delta p(k) < 0$ となる」ということもわかります．しかし，このことから人口が 0 から a/b までの間で単純に増え続けると断言することはできません．

たとえば，もし $\Delta p(k) > 0$ の値が大きければ，途中で人口が a/b を飛び越えてしまいます．すると今度は逆に $\Delta p(k) < 0$ となりますから，人口が減ることになります．もし大きく減れば a/b 以下になりますから，再び $\Delta p(k) > 0$ となり，人口が今度は増えることになります．以降，このようなことを繰り返す可能性があります．しかし，$\Delta p(k) > 0$ の値がいつも十分小さいならば，そのようなことはないので a/b まで単純に増え続けるでしょう．

この $\Delta p(k)$ の値は，式の形からそのときの人口とパラメータ a, b の値によって決まります．したがって，このモデルの示す人口の変化がパラメータ a, b の値のとり方に依存して大きく変わることがあっても不思議ではありません．とにかくこのモデルを詳しく調べてみる必要があります．

a. モデルの詳細

それでは詳細を見ていきましょう．このモデルは2つのパラメータを持つので扱いづらいのですが，幸いなことに変化の様子を変えずにパラメータの数を1つに減らすことができます．まず，左辺を展開してからまとめると

$$p(k+1) = p(k) + (a - bp(k))\, p(k)$$
$$= (1+a)\, p(k) - bp(k)^2$$
$$= ((1+a) - bp(k))\, p(k)$$

となります．したがって，ある年の人口がわかればこの式より翌年の人口がわかります (漸化式)．さらに，この式は次のように変形できます．

$$p(k+1) = ((1+a) - bp(k))\, p(k)$$
$$= (1+a)\left(1 - \frac{b}{1+a}p(k)\right) p(k)$$

として，両辺に $b/(1+a)$ をかけると

$$\frac{b}{1+a}\, p(k+1) = (1+a)\left(1 - \frac{b}{1+a}p(k)\right) \frac{b}{1+a}\, p(k)$$

となります.

したがって，$p(n)$ を定数倍した

$$q(n) = \frac{b}{1+a}\, p(n)$$

という新しい関数

$$q : n \to q \quad \text{つまり} \quad q = q(n)$$

を導入すれば，$q(k) = (b/(1+a))\,p(k)$ と $q(k+1) = (b/(1+a))\,p(k+1)$ ですから，上の方程式は

$$q(k+1) = a_1(1 - q(k))\, q(k)$$

と簡潔に表せることになります．ここで，

$$a_1 = 1 + a$$

としました．2 つのパラメータ $a, b\,(>0)$ だったのが，うまく 1 つのパラメータ $\boldsymbol{a_1}\,(>1)$ だけになり，より扱いやすくなります．しかも，関数 p と q の違いは定数倍だけなので，この新しい差分方程式を満たす q がわかれば，p の変化は q と基本的に同じ変化なわけです．

実際に，関数を p から q へ変換したのは，人口を計る単位を変えただけにすぎません．「p は 1 万人単位でしたが，q は $(1+a)/b$ 万人が単位」となります．それは p と q の関係式 $((1+a)/b)\,q(n) = p(n)$ より，$q(n) = 1$ のとき $p(n) = (1+a)/b$ となるからです．また，この $(1+a)/b$ は p のとれる人口の限界を意味しています．それは条件 $r(k) = a - bp(k) > -1$ より，

$$p(k) < \frac{1+a}{b}$$

となるからです．したがって，関数 q のとりうる値の範囲は

$$0 < q = q(n) < 1$$

となります．q は人口の限界が単位なので，1 より小さくなるわけです．

新しい差分方程式はある年の人口から翌年の人口を定めていますが，その関係をグラフにしてみましょう．$q(k+1)$ は $q(k)$ に関して次のように変形できます．

$$\begin{aligned}
q(k+1) &= a_1(1-q(k))\,q(k) \\
&= a_1(q(k)-q(k)^2) \\
&= -a_1(q(k)^2 - q(k)) \\
&= -a_1\left(q(k)^2 - 2\times\frac{1}{2}q(k) + \frac{1}{4} - \frac{1}{4}\right) \\
&= -a_1\left(\left(q(k)-\frac{1}{2}\right)^2 - \frac{1}{4}\right) \\
&= -a_1\left(q(k)-\frac{1}{2}\right)^2 + \frac{a_1}{4}
\end{aligned}$$

ここで，右辺の $-a_1(q(k)-1/2)^2$ はいつも 0 以下で $q(k)=1/2$ のときに最大 0 となるので，$q(k)$ が $1/2$ のとき翌年の人口 $q(k+1)$ は最大 $a_1/4$ となることがわかります．また，最初の式より $q(k)$ が 0 と 1 のとき翌年の人口 $q(k+1)$ は 0 ということもわかります．したがって，$q(k)$ と $q(k+1)$ の関係を表すグラフは図 4.2 のような山なりとなります．そして，山の高さが $a_1/4$ であり，パラメータ $a_1\,(>1)$ の値とともに高くなっていきます (図 4.2 (b))．

このように，$q(k+1)$ と $q(k)$ の関係を表すグラフは曲線です．それは $q(k)$ の 2 乗の項があるためです．2 乗の項は人口と人口の積ですから，人と人との出会いの度合 (摩擦) を表現しているとも解釈でき，それが人口の変化に影響を与えています．一般に，2 乗以上の項を持つ方程式はグラフが直線でないという意味で**非線形方程式**と呼ばれますが，その理論的解析はグラフが直線である**線形方程式**に比べ格段に難しくなります．たとえば，先のマルサスのモデル $p(k+1)=(1+a)p(k)$ は，線形方程式です．

ところで，人口はいつも 1 より小さいので，山の頂上は 1 より小さくならなければいけませんから $a_1/4 < 1$ となり，よって $a_1 < 4$ という条件が得られます．したがって，今までのことも含めるとパラメータ a_1 は，

$$1 < a_1 < 4$$

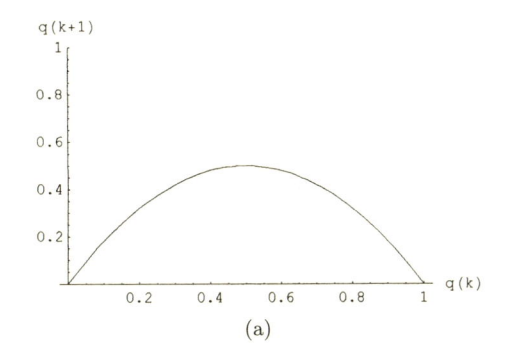

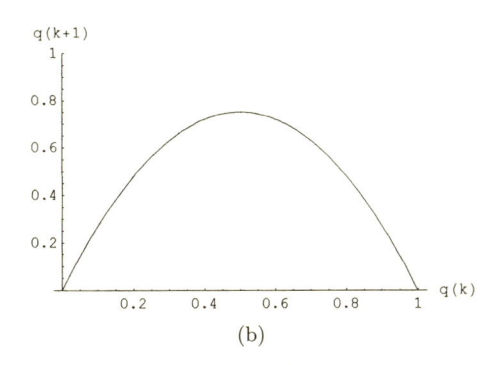

図 4.2　$q(k)$ と $q(k+1)$ の関係のグラフ ((a) $a_1 = 2$, (b) $a_1 = 3$)

の範囲で考えればよいことになります．

コメント

人間の場合なら増加率は 100% を超えないでしょうから $0 < a < 1$ となり ($a > 0$ としているので), つまり $1 < a_1(=1+a) < 2$ の範囲で考えれば十分でしょう. 広く $1 < a_1 < 4$ で考えるということは, 一般に昆虫や細菌などの個体数の変化も含めて考えていることになります.

人口が翌年も変わらない場合は, $q(k) = q(k+1) = q$ を方程式に代入した

$$q = a_1(1-q)q$$

を満たすときです (これは, 前に $\Delta p(k) = 0$ を考えたときに対応しています).

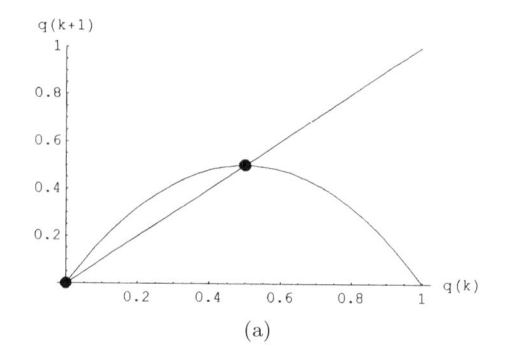

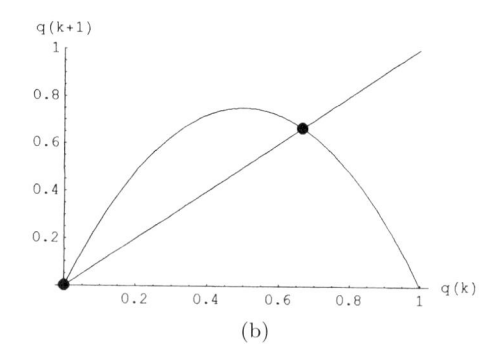

図 4.3　$q(k)$ と $q(k+1)$ の関係のグラフと不動点 ((a) $a_1 = 2$, (b) $a_1 = 3$)

よって，
$$((a_1 - 1) - a_1 q) q = 0$$
と変形できますから，人口がちょうど
$$q = 0 \quad \text{と} \quad q = \frac{a_1 - 1}{a_1} = \frac{a}{1 + a} \quad (< 1)$$
のときは翌年も同じ人口となり，これはいつでも成り立ちますから以降その人口は永遠に変化しないことになります．この意味で，この値のことを一般に**不動点** (または，**平衡点**) といいます．たとえば，0以外の不動点は，$a_1 = 2$ の場合なら $1/2 = 0.5$，$a_1 = 3$ の場合なら $2/3 = 0.6666\cdots$，となります．この不動点は，差分方程式が $q(k+1) = q(k)$ を満たすときですから，図形的には

先ほどの山なりのグラフと $q(k+1) = q(k)$ を表すグラフ (傾き 1 の直線) との交点です (図 4.3).

b. 解を求める

さて，差分方程式 $q(k+1) = a_1(1-q(k))\,q(k)$ の解 $q(n)$ を，3 章までと同様な方法で求めてみましょう．n から 2 回まで戻してみると

$$q(n) = a_1(1-q(n-1))q(n-1)$$
$$= a_1(1-a_1(1-q(n-2))q(n-2))a_1(1-q(n-2))q(n-2)$$

となりますが，これは $q(n-2)$ に関してうまく整理できそうにありません．したがって，3 回戻すためにはこの 4 つの $q(n-2)$ のところに $a_1(1-q(n-3))\,q(n-3)$ をそれぞれ代入することになります．これを繰り返すとすれば，1 回戻すごとに (底が 2 の) 指数関数的に q の項が増殖していくことになります．たとえば，特に n を 80 とした場合，$q(80)$ はこの操作を 80 回繰り返すことで a_1 と $q(0)$ のみで書き表せることになりますが，その長さは 3 章で扱った将棋版上の最後のマス目の天文学的なお金に相当しますから現実に書きくだすことなど不可能です．実際に，この差分方程式の解 $q(n)$ を a_1 と $q(0)$ のみを使って簡潔に表す式は存在しません．それは後で見るように，この解の示す多様な振る舞いから想像できます．局所的には規則性があり簡単な式で書かれていても，大局的な解を式で表すことができないというわけです．

しかし，解の一般式がなくても特に困ることはありません．差分方程式があるので，パラメータ a_1 の値を前もって決めておけば，初期人口 $q(0)$ を具体的に与えることで，次々と翌年の人口をコンピュータを使って計算することができます．このように具体的な値を決めていろいろと実験すればよいわけです．したがって，それらを表やグラフにすれば大局的な解の様子がだいたいわかります．

つまり，a_1 を決めておけば $q(0)$ から以下の式で

$$q(1) = a_1(1-q(0))\,q(0)$$

$q(1)$ が求まり，次にその $q(1)$ を使って以下の式で

$$q(2) = a_1(1-q(1))\,q(1)$$

$q(2)$ が求まり，さらにその $q(2)$ を使って以下の式で

$$q(3) = a_1(1-q(2))\,q(2)$$

$q(3)$ が求まる，… という具合です．単調な繰り返しであり，コンピュータは得意ですからいくらでもやってくれます．しかし，一般にこのような繰り返し計算をコンピュータにやらせるときは数値の精度に注意する必要があります (詳しいことは，S. ワゴン (2001)[14] を見てください)．

それでは実際に実験をしてみましょう．ここでは初期人口を相対的に小さく，たとえば

$$q(0) = 0.001$$

とし，パラメータ a_1 の値は $1 < a_1 < 4$ の範囲から次の 8 つを選び

$$a_1 = \quad 1.2, \quad 2.7, \quad 3.2, \quad 3.5, \quad 3.56, \quad 3.8, \quad 3.84, \quad 3.99$$

それぞれで人口の変化の様子 $q(0), q(1), q(2), q(3), \ldots$ をグラフ化していくことにします．先の $q(k)$ と $q(k+1)$ の関係を表す山なりのグラフを使って図示することもできますが，ここでは横軸を時間 n，縦軸を人口 q とする普通の折れ線グラフを使うことにしましょう．

i) $a_1 = 1.2$ の場合：

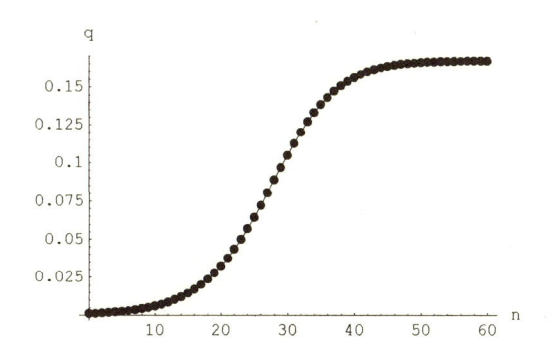

図 4.4 $a_1 = 1.2$, $q(0) = 0.001$ の 60 年間のグラフ

　最初は指数関数的に増えますが，だんだんと成長が鈍化してある値に落ち着いていきます (図 4.4)．この「S 字形変化」の行き着く先は，この場合の不動点 $0.2/1.2 = 0.1666\ldots$ となっています．一般に，$1 < a_1 \leq 2$ の場合はこのような S 字形変化となります．

ii) $a_1 = 2.7$ の場合：

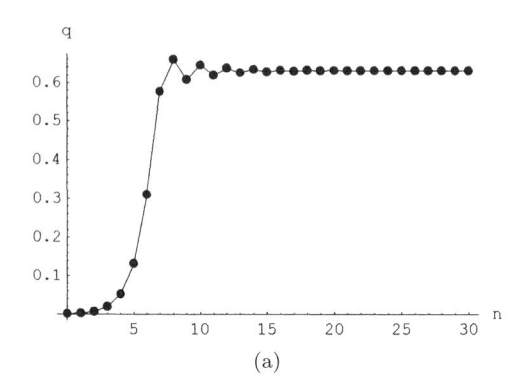

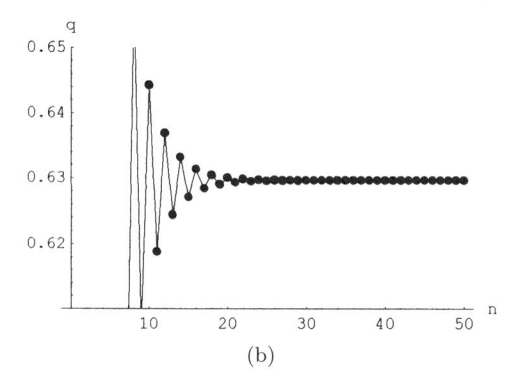

図 4.5　$a_1 = 2.7$, $q(0) = 0.001$ のグラフ ((a) 30 年間, (b) その拡大)

　最初は指数関数的に増加した後，人口が振動し始めますがやがてその振幅が小さくなり最終的にある値に収束していきます (**減衰振動**, 図 4.5(a))．振動のところを拡大してみるとよくわかります (図 4.5 (b))．収束する値は，やはり不動点 $1.7/2.7 = 0.629629\ldots$ のようです．一般に，$2 < a_1 \leq 3$ の場合はこのような減衰振動となります．

iii) $a_1 = 3.2$ の場合：

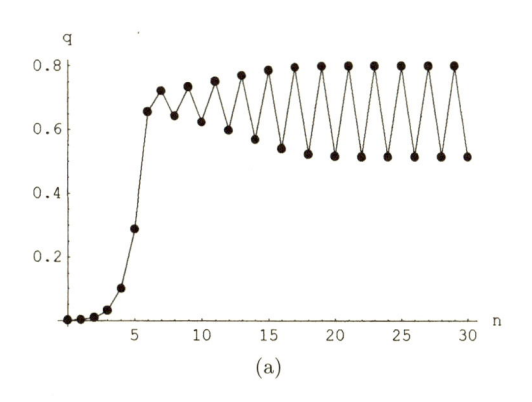

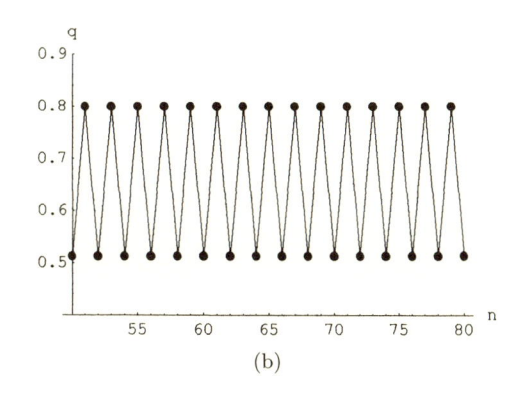

図 4.6　$a_1 = 3.2$, $q(0) = 0.001$ のグラフ ((a) 30 年間, (b) 50 年後以降 30 年間)

　今までと同じく最初は指数関数的に増加しますが，だんだんと人口が振動しながら増幅していき，最終的にある一定の振動を繰り返すようになります (図 4.6 (a))．50 年後以降のグラフを見てみると，いつまでも 2 つの値を交互にとっていることがわかります (図 4.6 (b))．この場合の不動点は $2.2/3.2 = 0.6875$ ですから，不動点は交互にとる 2 つの値の間にあります．この変化は 2 年ごとに値が戻るので **2 周期** といいます．一般に，$3 < a_1 \leq 1 + \sqrt{6} = 3.449\ldots$ の場合は同じ 2 周期となります．

iv) $a_1 = 3.5$ の場合：

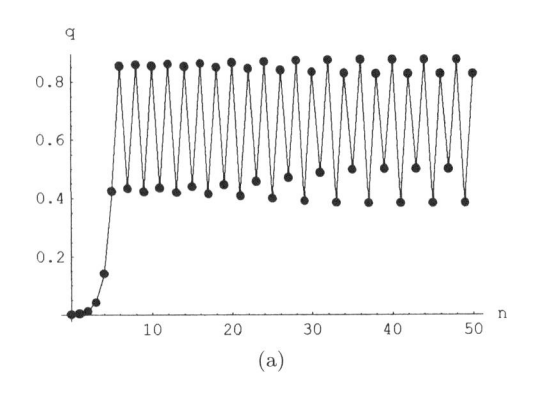

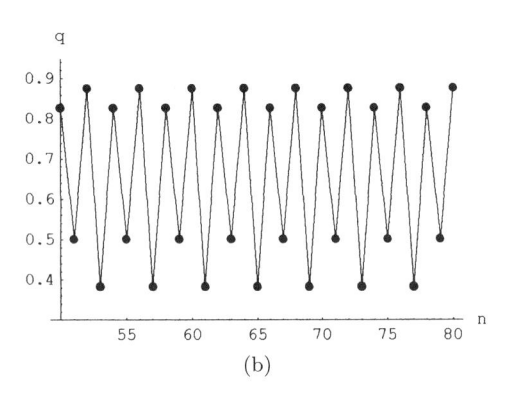

図 4.7　$a_1 = 3.5$, $q(0) = 0.001$ のグラフ ((a) 50 年間, (b) 50 年後以降 30 年間)

　これは指数関数的な増加から 2 周期のようになりますが (図 4.7 (a))，最終的には 4 年ごとに値が戻る **4 周期**になって落ち着くことがわかります (図 4.7 (b))．一般に，$1 + \sqrt{6} = 3.449\ldots < a_1 < 3.569945\ldots$ の間は，a_1 が大きくなるにつれて周期が $4, 8, 16, \cdots$ のように倍々で増えていくことが知られています．次の場合はその例です．

v) $a_1 = 3.56$ の場合：

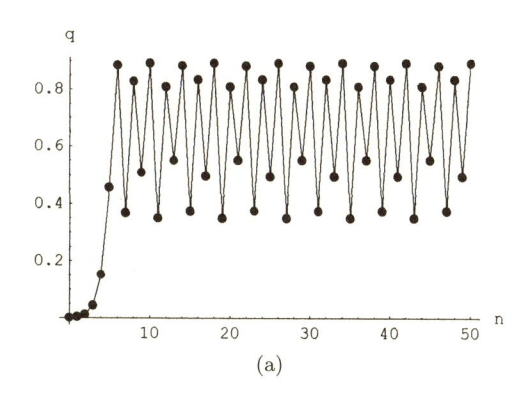

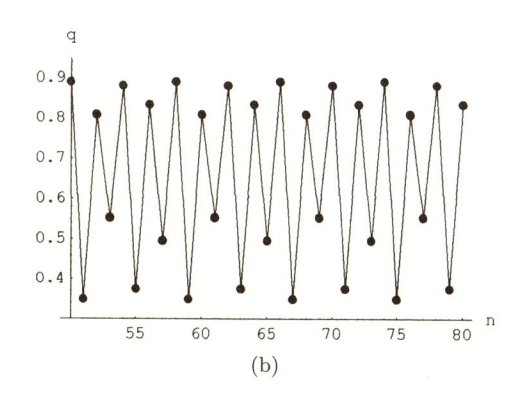

図 4.8　$a_1 = 3.56$, $q(0) = 0.001$ のグラフ ((a) 50 年間, (b) 50 年後以降 30 年間)

　実際, これは **8 周期**に落ち着くようです (図 4.8). 一見 4 周期のようですが, よく見ると 8 周期とわかります (図 4.8 (b)).

vi) $a_1 = 3.8$ の場合:

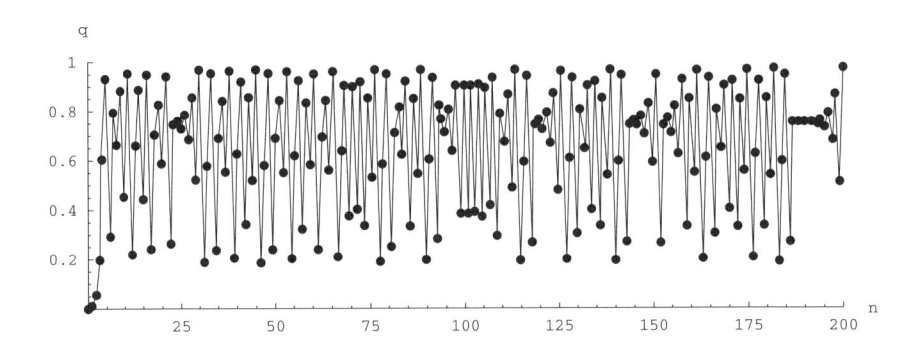

図 4.9　$a_1 = 3.8$, $q(0) = 0.001$ の 200 年間のグラフ

　今度は，指数関数的な増加から，規則性があるようには見えない変化に変わっていきます！ 200 年間を見てもはっきりしたパターンが見られないようです (図 4.9)．しかし，周期が非常に大きい可能性もありますが…． 一般に，$3.569945\ldots \leq a_1 < 4$ の間では，a_1 の値によってこのような不規則に見える変化から周期的なものまで様々な変化が現れとても複雑です．次に続く残りの 2 つの場合はその例です．

vii) $a_1 = 3.84$ の場合：

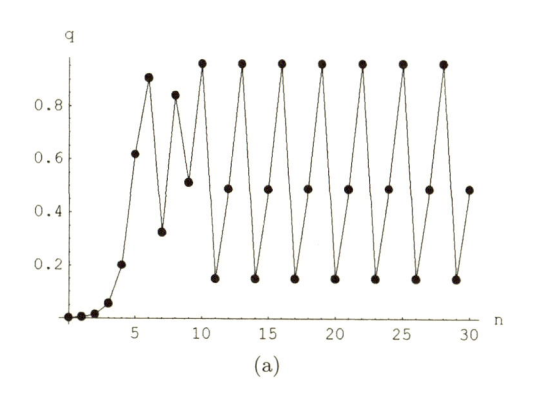

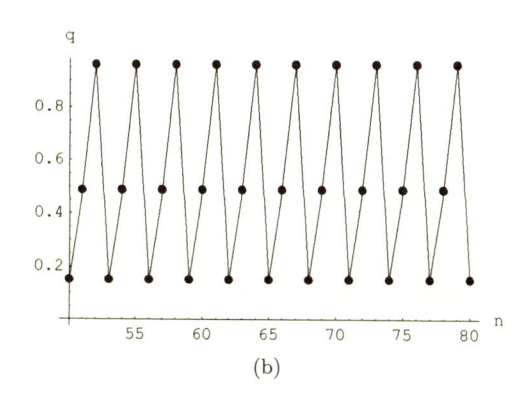

図 4.10　$a_1 = 3.84$, $q(0) = 0.001$ のグラフ ((a) 30 年間, (b) 50 年後以降 30 年間)

　実際，今度は再び規則的になり，**3 周期**のパターンが現れています (図 4.10)．これは今までに見られなかった奇数周期のパターンです．

viii) $a_1 = 3.99$ の場合

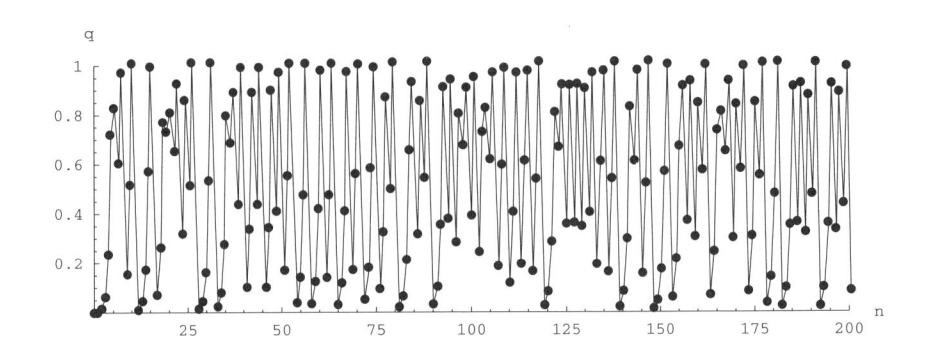

図 4.11　$a_1 = 3.99$, $q(0) = 0.001$ の 200 年間グラフ

　これは，また不規則な変化に戻っているようです (図 4.11)．同じ不規則な $a_1 = 3.8$ の場合のグラフ (図 4.9) と比較すると，振幅が大きくなっていることがわかります．

　以上のことから，この差分方程式の解の大局的な振る舞いはパラメータ a_1 の値により大きく変わることがわかります．単純な人口変動のモデルですが，同じモデルからパラメータを変えるだけで多様で複雑な変化が出てくることに驚きます．しかも，このモデルの振る舞いに関しては，まだ完全にわかっているわけではありません．

　これらの多様な振る舞いは数式の上だけで見られ，現実にはこのような変化は起こらないとも考えられます．しかし，細菌や虫の個体数の変化でこのような規則的なものから不規則な振る舞いをするものまであることが知られています．たとえば，ショウジョウバエ，イースト菌，大腸菌やゾウリムシの場合はS字形変化となり，マメゾウ虫やアズキゾウムシは減衰振動，ヨツモンマメゾウ虫はほとんど 2 周期となり，ミバエの場合は不規則に振動する振る舞いをするそうです．

c. カ オ ス

　これらの振る舞いの中で，特にこの不規則に見える振る舞いのことを**カオス**と呼んでいます．改めていえば，カオスとは「局所的には規則性があるのに，大局的にはデタラメなように振る舞う現象やそのモデル」のことです．カオスは日常語では混沌を意味しますが，科学の世界では 1970 年代頃からこのような意味で使われるようになりました．局所的な規則性がありますから，初期値さえ決めれば大局は (複雑であるにしても) 完全に決まってしまうことに注意してください．その意味でこのカオスのことを**決定論的カオス**といいます．つまり，決定論的カオスとは局所的な規則性が大局的な秩序を保障しないということです (しかし，それは当たり前のことかもしれません)．逆にいえば，デタラメで一見複雑に見える現象でも，その奥に単純な局所的規則性が隠されているかもしれないわけで，複雑な現象を捉える可能性が広がったと見ることもできます．

　また，カオスは初期値のほんのわずかな違いが，その後の振る舞いを大きく変えてしまうという特徴を持ちます (**初期値鋭敏性**)．常識的には，初期値が少しぐらい違っても全体にあまり影響しないと思いがちですが，カオスの存在はいつもそうとは限らないことを示しています．

　たとえば，$a_1 = 3.99$ として，$q(0)$ を 0.001 と $0.001 + 10^{-8}$ の場合で比較すると，$10^{-8} = 1/10^8$ ですから初期値は 1 億分の 1 の違いですが，その後の 2 つの振る舞いは図 4.12 のようになります．最初の 20 年間ぐらいの振る舞いは同じですが，不思議なことにその後の振る舞いはまったく異なっていくことが見てとれます．

　このことは，カオスに対応する現象は長期的な予測が本質的に不可能であることを意味します．もちろん，初期値が正確に求まるならば，そのモデルの将来は差分方程式により完全にわかってしまいますが，現実には初期値を求めるために測定や観測をするわけであり，そこにはどうしても誤差が含まれてしまうことになるからです．たとえば，気象はそのような現象の典型と考えらています．

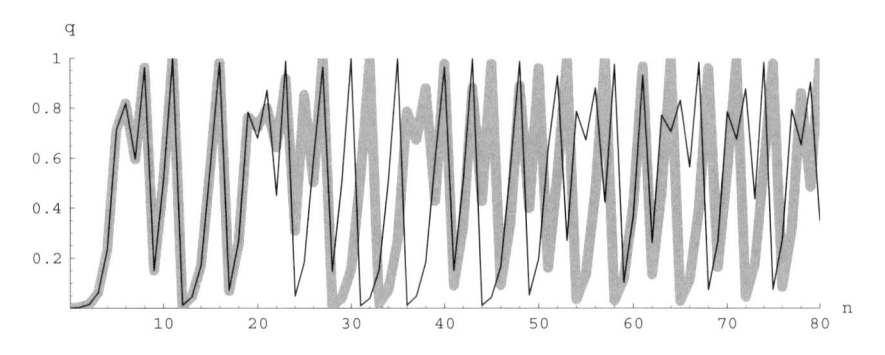

図 4.12　$a_1 = 3.99$ で初期値の違いによる 80 年間のグラフの比較 (太線：$q(0) = 0.001$，細線：$q(0) = 0.001 + 10^{-8}$)

4.2　連続時間の場合：微分方程式

　今までは人口の変化を離散時間で見てきました．しかし，昆虫のように産卵の時期が決まっている場合はよいのですが，人間の場合はそうではありません．人により子供を産むときが違いますから，全体で見れば人間はいつも繁殖していることになります．したがって，理想化してどの瞬間も人口が変化していると考え，連続時間でモデル化するのが自然です．

　そこで，連続時間 t と人口 p との対応を p_c として，関数

$$p_c : t \to p \quad \text{つまり} \quad p = p_c(t)$$

を考えることにします．ここで，t は 1 年を単位とし，p は連続で単位は 1 万人です．局所的に考える場合の時間は，今まで同様 s としておきましょう．

　連続時間ですから，人口の局所的な変化として瞬間的な速さ（微分係数 $p_c'(s)$）を考えますが，まずはわかりやすいので適当な短い時間間隔をとって離散的に考えていきます．何を短いとするかは人により違いますが，最終的にはその時間を極限まで短くしていきますから，あまり気にしません．その短い時間間隔は時間 s の差ですから，ここでは Δs と差分記号を使って表すことにします．

これで短い時間間隔を代表しています．今までの記号 h と同じものです．

ある任意の時点を s とし，その時点から Δs の間の人口の変化を考えます．つまり，2つの時点 s と $s + \Delta s$ の間の変化です．その間の人口の差を $\Delta p_c(s)$ とすれば，

$$\Delta p_c(s) = p_c(s + \Delta s) - p_c(s)$$

です．

しかし，人口の変化は「単位人口あたりの増加率」として捉えるのが自然です（「単位あたりの増加率」を考えることの大切さは，すでに3.3節の連続複利の微分方程式を述べたところや，この章の最初の方でも触れています）．たとえ同じ5万人増えたとしても，人口が100万人に対してなのか1億人に対してなのかで変化の様子が違うと考えられるからです．100万人で5万人なら，1億人だと500万人の変化を同じと見るでしょう（5%の増加）．したがって，人口の変化は差を人口で割った

$$\frac{\Delta p_c(s)}{p_c(s)}$$

で与えられます．

これは Δs 時間の変化ですから，さらに Δs で割ることでその間の「単位人口あたりの平均的な増加の速さ」が

$$\frac{\frac{\Delta p_c(s)}{p_c(s)}}{\Delta s} = \frac{\Delta p_c(s)}{\Delta s \times p_c(s)}$$

で求まります．ここで，Δs を小さくしていった極限

$$\lim_{\Delta s \to 0} \frac{\Delta p_c(s)}{\Delta s \times p_c(s)}$$

を考えます．これは，分母の $p_c(s)$ が Δs の変化には影響されませんから，極限の外に出すことができるので

$$\frac{1}{p_c(s)} \lim_{\Delta s \to 0} \frac{\Delta p_c(s)}{\Delta s}$$

となり，結局残った極限の部分は微分係数 $p_c'(s)$ の定義そのものですから，全体は

$$\frac{p'_c(s)}{p_c(s)}$$

となります．したがって，「単位人口あたりの瞬間的な増加の速さ」が導かれます．

今，その増加の速さがなんらかの方法で計測や予測できるとし，それがある関数 $r(s)$ で表されるとすれば，等式

$$r(s) = \frac{p'_c(s)}{p_c(s)}$$

が導かれます．見やすくするために分母を払えば

$$p'_c(s) = r(s)p_c(s)$$

という微分方程式となります．これは基本的には離散の場合の $\Delta p(k) = r(k)p(k)$ と同じ型の方程式です．この場合は離散のときの $r(k) > -1$ のような，$r(s)$ に関する一般的条件はありません．瞬間的には増加の速さはどんな値でもとれると考えられるからです．

それでは，離散の場合と同様に，2 通りの $r(s)$ で考えてみましょう．

4.2.1　マルサスのモデルの連続版

最も単純に「単位人口あたりの瞬間的な増加の速さがいつも一定」

$$r(s) = a$$

とします．すると微分方程式 $p'_c(s) = r(s)p_c(s)$ は

$$p'_c(s) = a\, p_c(s)$$

となります．マルサスのモデルの連続版であり，この方程式も**微分方程式の族**を表しています．

たとえば，$a = 0.2, 0.0, -0.2$ のそれぞれの場合で，この微分方程式の定める方向場を描いてみましょう．描き方は連続複利の場合の方向場と同じです．

解の様子は初期値を決めれば方向場から見てとれますが (図 4.13)，この解を

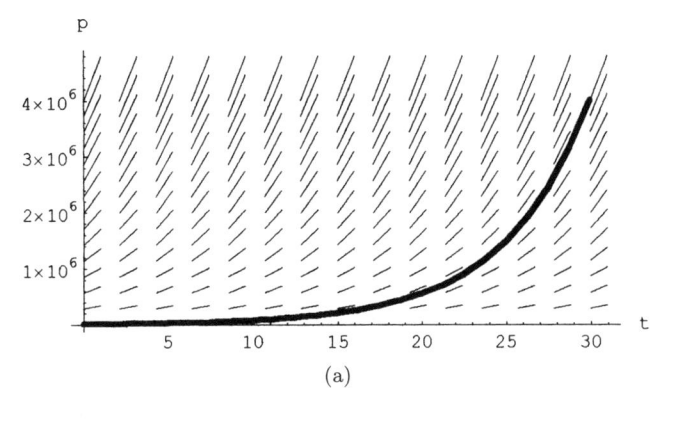

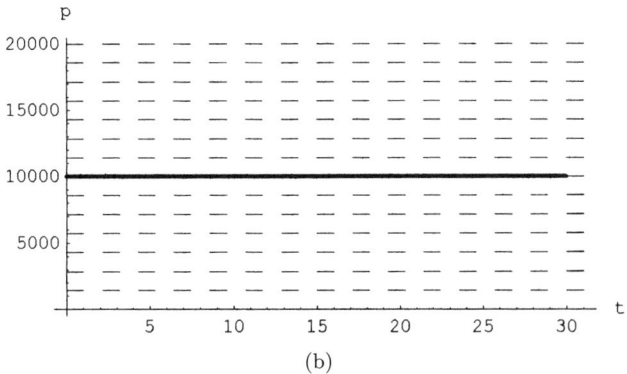

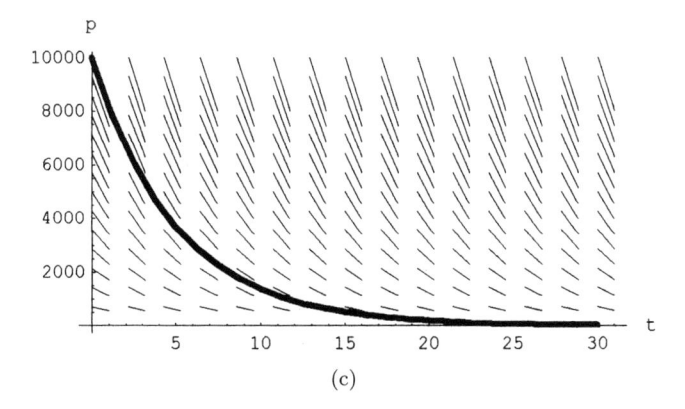

図 4.13 マルサスのモデルの方向場 ((a) $a = 0.2$, (b) $a = 0.0$, (c) $a = -0.2$)

式で表すこともできます．この微分方程式 (の族) は年利率が a の連続複利預金と同じ型ですから，連続複利の結果から解は

$$p_c(t) = p_c(0)\, e^{at}$$

という e を底とする指数関数になることがわかります．ここで，$p_c(0)\, (>0)$ は初期人口です．

$e^{at} = (e^a)^t$ ですから，解は e^a を底とする指数関数とも見られます．底の部分である e^a は $a > 0$ なら 1 より大きく，$a = 0$ なら 1，$a < 0$ だと 0 と 1 の間の値ですから (図 3.7 (a) 参照)，離散の場合で考えたのと同じようにすれば，この微分方程式 (の族) の解の振る舞いは，式のうえからも a の符号によって次のように質的に変わることがわかります．

$a > 0:$ 　人口は指数関数的に増加する

$a = 0:$ 　人口は変化しない

$a < 0:$ 　人口は指数関数的に減少する

これは離散の場合と基本的に同じ結果です．

4.2.2　ロジスティックモデル (ベアフルストモデル)

増加率が一定の場合は，離散と連続のモデルでその振る舞いに基本的な違いはありませんでした．それでは，人口の増加とともに増加の速さが減少していく場合を，離散と同様に連続モデルでも考えてみましょう．離散の場合は，パラメータの変化とともに驚くほど多様な振る舞いが現れてきましたが，連続の場合はどうなるのでしょう．

離散と同じように増加の速さの減少の仕方が最も単純な式

$$r(s) = a - b\, p_c(s)$$

で与えられる場合を考えます．ここで，a, b は定数で

$$a > 0, \quad b > 0$$

としています．

したがって，微分方程式 $p'_c(s) = r(s)p_c(s)$ に上の式を代入すると

$$p'_c(s) = (a - b\,p_c(s))\,p_c(s)$$

となりますが，これを**ロジスティック方程式**または**ロジスティックモデル**といいます．1840 年頃にベルギーのベアフルストが提案したものです．

このモデルは離散ロジスティック方程式と形が同じですから，そのおおまかな特徴に関しては基本的に同じですが，1 つだけ大きな違いがあります．

人口が小さいときは 2 乗の項の影響が小さくなり，指数関数的な増加となるのは離散の場合と同じです．また，方程式より「$p'_c(s) = 0$ となるのは，$p_c(s) = 0$ または $p_c(s) = a/b$」のときです．つまり，人口が丁度 0 か a/b である限り人口の増加の瞬間的な速さゼロが続くことになり，そのまま人口は変化しないことになるので，これも離散の場合と同じです．同じく「人口が 0 と a/b の間では $p'_c(s) > 0$ であり，人口が a/b を超えると $p'_c(s) < 0$」となります．$p'_c(s) > 0$（または $p'_c(s) < 0$）とは人口の増加の瞬間的な速さが正（または負）ですから，人口は s 時点で増える（または減る）方向にあることを意味しています．ここで離散の場合と違うのは，たとえば人口が a/b より小さい間はいつも $p'_c(s) > 0$ ということより，人口は a/b になるまで増え続けると結論されることです（図 4.14）．それは，$p'_c(s) = dp_c(s)/ds > 0$（という比の値）がいくら大きくなっても瞬間的（ds の間）に増える量自体 $dp_c(s)$ はとても小さく，したがっていつもわずかずつしか増えないため，離散の場合のように途中から値が飛んで a/b を超してしまうようなことは起こらないからです．

さらに，人口が a/b に近づくにつれ単位人口当たりの増加率は減っていき 0

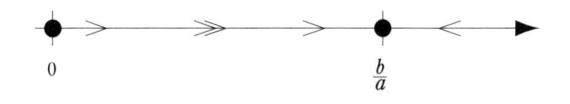

図 4.14 人口の時間変化

に近づいていきますから，結局，これらのことを総合すると全体的な変化はS字形しかないことがわかります．したがって，連続モデルの場合はパラメータ a, b の値によってその振る舞いが大きく変化することはなく，S字形で増え a/b が人口の限界ということになります．

a. 解の振る舞いの確認

言葉だけで述べてきましたが，以上のことを図や式で確認してみましょう．まず，離散の場合と同様に，微分方程式を扱いやすくするためにパラメータの数を減らします．

$$p'_c(s) = (a - bp_c(s))\, p_c(s)$$
$$= a\left(1 - \frac{b}{a}p_c(s)\right) p_c(s)$$

として，両辺に b/a をかけると

$$\frac{b}{a}p'_c(s) = a\left(1 - \frac{b}{a}p'_c(s)\right)\frac{b}{a}p'_c(s)$$

となります．したがって，新しい関数

$$q_c : t \to q \quad \text{つまり} \quad q = q_c(t)$$

を，

$$q_c(t) = \frac{b}{a}p_c(t)$$

とすれば，

$$q'_c(s) = a(1 - q_c(s))\, q_c(s)$$

となります．ここで，右辺に関しては

$$\frac{b}{a}p'_c(s) = \left(\frac{b}{a}p_c(s)\right)' = q'_c(s)$$

を使いました．上の最初の等式は，微分の定数倍は，その定数倍を微分の中に取り込むことができるという性質です．微分の定義から確認してみてください．

離散の場合と同じく，関数 $p_c(t)$ から $q_c(t)$ への変更は人口の単位を1から

a/b に変えただけですから，結局，パラメータ $a\,(>0)$ のみを持つ微分方程式 (の族)

$$q_c'(s) = a(1 - q_c(s))\,q_c(s)$$

を調べればよいことになります．

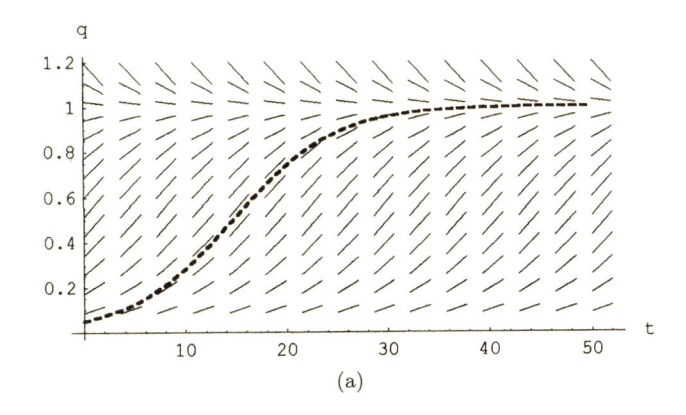

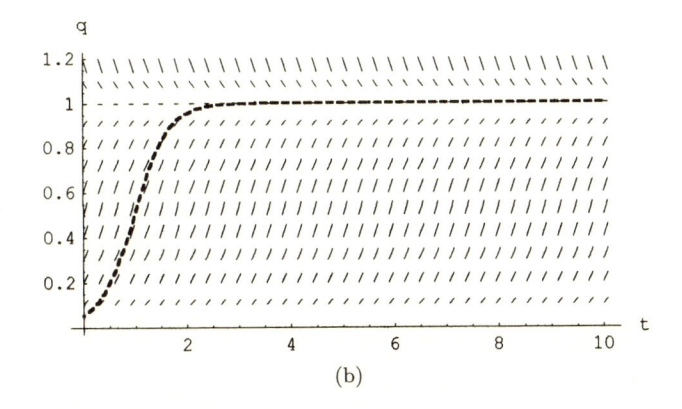

図 4.15 ロジスティックモデルの方向場（(a) $a = 0.2$, (b) $a = 3$）

この微分方程式の方向場を $a = 0.2$ と $a = 3$ の場合で描くと図 4.15 のようになります．図からは，どの場合も初期値 $q_c(0)$ が小さければ，解は S 字形で 1 に近づいていくことが確認できます．

ところで，S 字形の解が出るということは，離散モデルの漸化式

$$q(k+1) = a_1(1-q(k))\,q(k)$$

におけるパラメータ a_1 の値が $1 < a_1 \leq 2$ の場合に相当しています．それでは微分方程式 (の族) を離散化すると，すべてこのような場合になってしまうのでしょうか．実際に微分方程式を「微かな時間 ds」ごとの漸化式の形にして確認してみることにしましょう．

微分方程式は

$$q_c'(s) = a(1-q_c(s))\,q_c(s), \qquad a > 0$$

ですが，左辺は

$$q_c'(s) = \frac{d\,q_c(s)}{ds} = \frac{q_c(s+ds) - q_c(s)}{ds}$$

ですから，

$$\frac{q_c(s+ds) - q_c(s)}{ds} = a(1-q_c(s))\,q_c(s)$$

となります．分母を払って整理すると

$$\begin{aligned}
q_c(s+ds) &= q_c(s) + ds \cdot a(1-q_c(s))\,q_c(s) \\
&= ((1+ds\cdot a) - ds\cdot a \cdot q_c(s))\,q_c(s) \\
&= (1+ds\cdot a)\left(1 - \frac{ds\cdot a}{1+ds\cdot a}\,q_c(s)\right) q_c(s)
\end{aligned}$$

となり，今までと同様に両辺に $ds\cdot a/(1+ds\cdot a)$ をかけると

$$\frac{ds\cdot a}{1+ds\cdot a}\,q_c(s+ds) = (1+ds\cdot a)\left(1 - \frac{ds\cdot a}{1+ds\cdot a}\,q_c(s)\right)\frac{ds\cdot a}{1+ds\cdot a}\,q_c(s)$$

となります．よって，新しい関数を

$$Q_c(s) = \frac{ds\cdot a}{1+ds\cdot a}\,q_c(s)$$

とおけば

$$Q_c(s+ds) = (1+ds\cdot a)(1-Q_c(s))\,Q_c(s)$$

と整理されます．これが連続モデルを ds 時間ごとに見た漸化式です．

　この漸化式は係数 $(1 + ds \cdot a)$ の形より離散モデルの $1 < a_1 \leq 2$ の場合に対応していることがわかります．それは ds が「微かな時間」ということですから，$ds \cdot a$ は a の値によらず十分小さいと考えられるからです（これは最初に言葉で述べたことと同じです）．このように，離散モデルとの式の形の比較からも，なぜ連続モデルの振る舞いは $a\ (>0)$ によらず単純な S 字形曲線だけなのかという理由がわかりました．たとえ同じ局所的な考え方から導かれていても，この成長に関するモデルでは微分方程式は差分方程式に比べ非常に限定された振る舞いしか示さないわけです．

　この S 字型曲線は成長に現れる典型的な曲線であり，**ロジスティック曲線**または**成長曲線**と呼ばれています．途中までは指数関数的に増えていきますが，その後の増加は徐々に押さえられ，最終的にある一定の人口に近づいていくことになります．中学生ぐらいで変化がピークとなる人間の身長や体重などもこのような変化でしょう．ベアフルストはアメリカの 1790 年から 1810 年の人口データを基にこのモデルを適用することで，1820 年から 1930 年ぐらいまでの 100 年以上にわたってアメリカの人口変化をかなり正確に予測したといわれています．このモデルは，うわさの伝播や伝染病，商品の普及過程，エネルギー需要予測などにも使われています．

　それでは，この微分方程式の解を式の形で表すことを考えてみましょう．離散モデルの場合には，その解の一般的な式を簡潔に表すことができませんでしたが，この場合は解の振る舞いの単純さから簡潔な式で表されることが期待されます．そして実際に，この解を表す式が存在します．

　たとえば，代表的な数式処理ソフトである $Mathematica$ を使うと，以下に示すようにこの微分方程式の解をすぐに出してくれます．**DSolve** が微分方程式 (differential equation) の解を求めるコマンドであり，括弧の中に解きたい微分方程式がほぼ数学と同じ記号を使って書かれています．ここでは，初期値を q_{c0} としています．解が出力として矢印の先に出ていますが，$Mathematica$ では e の代わりに大文字の E が使われています．ここでは他の細かいことは気にしないでください．

─────── *Mathematica* による微分方程式の解の出力 ───────

入力： $\mathrm{DSolve}[\{q_c'[t] == a(1-q_c[t])q_c[t], q_c[0] == q_{c0}\}, q_c[t], t]$

出力： $\left\{\left\{q_c[t] \to \frac{E^{a\,t}\,q_{c0}}{1-q_{c0}+E^{a\,t}\,q_{c0}}\right\}\right\}$

　もちろん，この解をグラフ化すればロジスティック曲線となります．ためしに，初期値を $q_c(0) = 0.05$ として，パラメータ a が 0.2 と 3 の場合の解のグラフを見てみましょう．以下にそのグラフを描く *Mathematica* のプログラムを参考として載せておきます．最初に初期値を設定し，次に解の関数を定義し，最後に Plot で関数のグラフを描くというように簡単です．詳細は榊原進 (2000)[13] などを見てください．実行してみると，方向場から予想していたのと同じグラフが実際に描かれるのがわかります (図 4.16).

─── 解のグラフを描く *Mathematica* のプログラム ───

$\mathrm{q_{c0}} = 0.05$;

$\mathrm{q[a\_][t\_]} := \frac{E^{a\,t}\,q_{c0}}{1-q_{c0}+E^{a\,t}\,q_{c0}}$;

$\mathrm{Plot}[\mathrm{q}[0.2][t], \{t, 0, 50\}, \mathrm{PlotRange} {-}{>} \mathrm{All}]$;

$\mathrm{Plot}[\mathrm{q}[3][t], \{t, 0, 10\}, \mathrm{PlotRange} {-}{>} \mathrm{All}]$;

　このように *Mathematica* は微分方程式の解を出力してくれますが，それは数学でやるように微積分に関するテクニックを使って求めていると思われます．ここでそれを紹介するには，もう少し微積分の知識などが必要です．また，たとえやったとしても形式的であまり面白みはありません．それより連続複利の解を求めたときのように，この微分方程式の解を離散化した差分方程式の解から間接的に求めることができます．それは少し長くなりますが，今までの知識

4.2 連続時間の場合：微分方程式

(a)

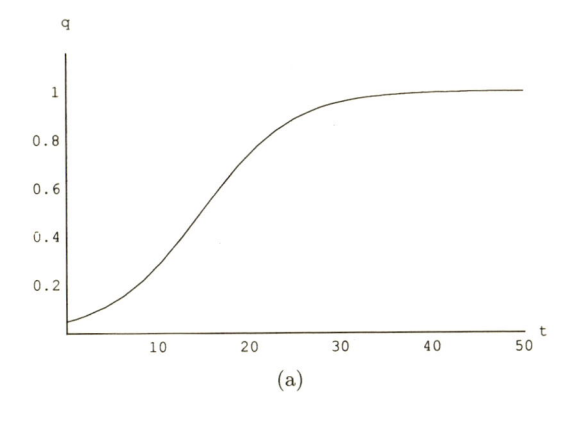

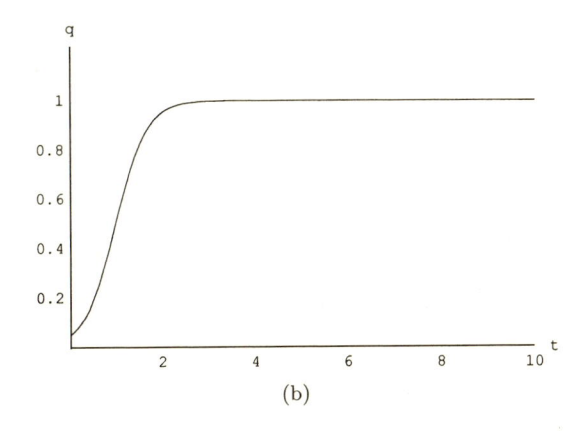

(b)

図 4.16 解のグラフ (初期値 0.05, (a) $a = 0.2$, (b) $a = 3$)

だけでできることなので付録で紹介することにしましょう．

ところで，差分方程式の解は簡潔な式で表せなかったのに，どうやって導いた差分方程式から微分方程式の解を導くことができるのでしょうか．そのような疑問を頭におきながら興味のある人は読み進んでみてください．離散と連続の関係がよりわかるかもしれません．しかし，ここまでで今までの話の流れはいちおう終わりになります．

付　　録
—ロジスティックモデルの解—

ロジスティック方程式
$$q'_c(s) = a(1 - q_c(s))\, q_c(s)$$
の解を，連続複利の場合と同様に離散化した差分方程式の解の極限として求めてみます．

まず，この微分方程式を差分方程式で近似します．左辺の微分係数は
$$q'_c(s) = \lim_{h \to 0} \frac{q_c(s+h) - q_c(s)}{h}$$
ですから
$$\lim_{h \to 0} \frac{q_c(s+h) - q_c(s)}{h} = a(1 - q_c(s))\, q_c(s)$$
となります．したがって，h を十分小さいものとして固定しておくと，近似的には極限操作をはずすことができて，
$$\frac{q_c(s+h) - q_c(s)}{h} \approx a(1 - q_c(s))\, q_c(s)$$
という式が得られます．

ここで，この式を刻み幅 h ごとの離散時間上の差分方程式とみなし，自然数 i を使って $h = 1/i$ としたときのこの差分方程式を満たす関数を
$$q_i : n \to q$$
とすれば，

$$(*) \qquad \frac{q_i(k+h) - q_i(k)}{h} = a(1 - q_i(k))\, q_i(k)$$

となります (n, k は $0, h, 2h, 3h, \ldots, 1, 1+h, 1+2h, \ldots$ の代表です). これが, ロジスティック方程式を近似した差分方程式であり, 連続複利の場合と同じく, i を無限大 ($i \to \infty$) にすれば関数 q_i は連続時間上の関数になり, 差分方程式は元のロジスティック方程式になると考えられます.

したがって, 差分方程式の解 q_i を求めれば, その極限として元のロジスティック方程式の解 q_c が求まることになります. しかし, この差分方程式は整理すると離散ロジスティック方程式

$$q(k+1) = (1+a)(1-q(k))\, q(k)$$

と基本的に同じ形となり (以下のコメント参照), この形の漸化式からは一般的な解を求めることはできませんでした.

コメント

差分方程式 $(*)$ は 4.2.2 項 a で扱った ds ごとに見た微分方程式と同じ形です. したがって, 同様に整理すれば

$$\begin{aligned} q_i(k+h) &= q_i(k) + ha(1 - q_i(k))\, q_i(k) \\ &= (1 + ha - ha\, q_i(k))\, q_i(k) \\ &= (1 + ha)\left(1 - \frac{ha}{1+ha}\, q_i(k)\right) q_i(k) \end{aligned}$$

となり, 両辺に $ha/(1+ha)$ をかけてから $Q_i(k) = (ha/(1+ha))q_i(k)$ とおくと

$$Q_i(k+h) = (1+ha)(1 - Q_i(k))\, Q_i(k)$$

となります.

したがって, ここで困ってしまいますが, ロジスティック方程式の離散化は上の差分方程式以外にもいろいろ考えられるので, それらの中でうまく解を求められるものを使えばよいのです. それは, 次の差分方程式です.

$$\frac{q_i(k+h) - q_i(k)}{h} = a(1 - q_i(k+h))\, q_i(k)$$

右辺の人口増加に伴う増加率の減少を表す項が，$1-q_i(k)$ でなく $1-q_i(k+h)$ となっています．これは現時点 k より少し先の時点 $k+h$ の人口増加を考慮して，増加率をより抑えていると解釈することができます．この差分方程式も i を無限大 $(h\to 0)$ にすれば元のロジスティック方程式になると考えられます．したがって，ロジスティック方程式を近似しておりこちらで考えてもよいことになります．面白いことに，この差分方程式ならその解はうまく簡潔な式で表せます．よって，その解の極限をとることでロジスティック方程式の解を求めることができるというわけです．

それでは，実際に求めてみることにしましょう．上の差分方程式を $q_i(k+h)$ に関してまとめると，次のようになります．

$$q_i(k+h) = q_i(k) + ha(1-q_i(k+h))\,q_i(k)$$

$$q_i(k+h) + ha\,q_i(k)\,q_i(k+h) = (1+ha)\,q_i(k)$$

$$(1+ha\,q_i(k))\,q_i(k+h) = (1+ha)\,q_i(k)$$

$$q_i(k+h) = \frac{(1+ha)\,q_i(k)}{1+ha\,q_i(k)}$$

しかし，これでは $q_i(k)$ が分母と分子にあり扱いづらいので，分母と分子を同じ $q_i(k)$ で割ると

$$q_i(k+h) = \frac{1+ha}{\frac{1}{q_i(k)}+ha}$$

となり，さらに $q_i(k)$ の逆数に揃えるために，全体の逆数をとると

$$\frac{1}{q_i(k+h)} = \frac{\frac{1}{q_i(k)}+ha}{1+ha}$$

$$= \frac{1}{1+ha} \times \frac{1}{q_i(k)} + \frac{ha}{1+ha}$$

となります．

ここで，式を見やすくするために一時的に

$$Q_i(k) = \frac{1}{q_i(k)}, \qquad A = \frac{1}{1+ha}, \qquad B = 1 - A = \frac{ha}{1+ha}$$

とおくと

$$Q_i(k+h) = A Q_i(k) + B$$

となります．よって，関数 Q_i は単純な漸化式を満たすことになりますが，これと基本的に同じ漸化式はすでに 3.4.2 項のローン返済のところでも出てきました．

したがって，同様に n 時点から $h\,(=1/i)$ ずつ戻していけば

$$\begin{aligned}
Q_i(n) &= A\,Q_i(n-h) + B \\
&= A\,(A\,Q_i(n-2h) + B) + B = A^2\,Q_i(n-2h) + B\,(1+A) \\
&\quad \cdots \\
&= A^{ni}\,Q_i(n - n\,i\,h) + B\,(1 + A + \ldots + A^{ni-1}) \\
&= A^{ni}\,Q_i(0) + B\,(1 + A + \ldots + A^{ni-1})
\end{aligned}$$

となります．$n i$ 乗が出てくるのは，$h = 1/i$ ですから i 回で 1 戻るので，n 戻すには $n i\,(= n \times i)$ 回必要だからです．

ここで，$n i$ 個の和 $1 + A + \ldots + A^{ni-1}$ は，今までと同様に $S = 1 + A + \ldots + A^{ni-1}$ から A 倍した $A\,S = A + A^2 + \ldots + A^{ni-1} + A^{ni}$ を引くことで，$S - A\,S = 1 - A^{ni}$ となり

$$S = \frac{1 - A^{ni}}{1 - A}$$

と求まります．

よって，この和を代入してから，$B = 1 - A$ を使えば

$$\begin{aligned}
Q_i(n) &= A^{ni}\,Q_i(0) + B\,\frac{1 - A^{ni}}{1 - A} \\
&= A^{ni}\,Q_i(0) + (1 - A^{ni})
\end{aligned}$$

が得られます．

したがって，Q_i と A を元に戻すと

$$\frac{1}{q_i(n)} = \left(\frac{1}{1+ha}\right)^{ni} \frac{1}{q_i(0)} + \left(1 - \left(\frac{1}{1+ha}\right)^{ni}\right)$$

であり，さらに逆数をとることで

$$q_i(n) = \frac{1}{(\frac{1}{1+ha})^{ni}\frac{1}{q_i(0)} + (1 - (\frac{1}{1+ha})^{ni})}$$

となり，差分方程式の解が求まったことになります．

ロジスティック方程式の解 $q_c(t)$ は，$q_i(n)$ において $i \to \infty$ とすればよいのですから

$$q_c(t) = \lim_{i \to \infty} \frac{1}{\frac{1}{(1+ha)^{ni}}\frac{1}{q_i(0)} + (1 - \frac{1}{(1+ha)^{ni}})}$$

となります．

ここで，実際に右辺の極限をとることになりますが，右辺の各項の極限をそれぞれ求めればよく，まず $q_i(0)$ は $q_c(0)$ になります．また，

$$(1+ha)^{ni} = \left(1 + \frac{a}{i}\right)^{ni} = \left(1 + \frac{1}{\frac{i}{a}}\right)^{\frac{i}{a} \times a n}$$

$$= \left(\left(1 + \frac{1}{\frac{i}{a}}\right)^{\frac{i}{a}}\right)^{a n}$$

ですから，3.3.2 項と同様に考えれば，その極限は

$$\lim_{i \to \infty}(1+ha)^{ni} = \lim_{i \to \infty}\left(\left(1 + \frac{1}{\frac{i}{a}}\right)^{\frac{i}{a}}\right)^{a n}$$

$$= \left(\lim_{i \to \infty}\left(1 + \frac{1}{\frac{i}{a}}\right)^{\frac{i}{a}}\right)^{a t}$$

$$= e^{at}$$

と求まります．ここで，n は t になり，$a\ (>0)$ は定数ということを使っています．

以上の結果を代入すると，結局

$$q_c(t) = \frac{1}{\frac{1}{e^{at}}\frac{1}{q_c(0)} + (1 - \frac{1}{e^{at}})}$$

$$= \frac{1}{\frac{1}{q_c(0)e^{at}} + \frac{e^{at}-1}{e^{at}}}$$

$$= \frac{1}{\frac{1+q_c(0)(e^{at}-1)}{q_c(0)e^{at}}}$$

$$= \frac{q_c(0)e^{at}}{1 + q_c(0)(e^{at}-1)}$$

となり，これは $Mathematica$ の出した解と一致します．

したがって，ロジスティック方程式

$$q_c'(s) = a(1 - q_c(s))\,q_c(s), \qquad a > 0$$

の解であるロジスティック曲線を表す式は

$$q_c(t) = \frac{q_c(0)e^{at}}{1 + q_c(0)(e^{at}-1)}$$

と求まったわけです．

あとがき

　以上，ゆっくりと微分方程式および微分積分の初歩を述べてきました．この本を書くにあたり参考にした本を参考文献として最後に挙げておきます．

　また，本書の後に読まれる本として適当なものを参考文献の中から選ぶと，数学一般については，遠山啓 (1959)[1] がよいと思います．微分方程式まで書かれており難しいところもありますが，素晴らしい本です．微分方程式については，D. バージェス/M. ボリー (1990)[3] や佐藤總夫 (1984)[4] が具体的な現象との関連を扱っており面白いです．丹羽 (1999)[5] は，一般向けに数式を使わず日常の言葉で，微分方程式の幾何学的理論の全体像を本格的に説明しています．カオスに興味のある人は，I. スチュアート (1998)[8] がお勧めです．また，1章でお話としてしか取り上げられませんでしたが，金融工学関連では J. ハル (1998)[11] が難しい内容をわかりやすく説明しています．数学的には，S.N. ネフツィ (1999)[12] が直観的な説明で面白いですが，少し難しいです．4章で出てきた数式処理ソフト *Mathematica* に関しては，榊原進 (2000)[13] が簡潔にわかりやすく書かれています．

　最後になりましたが，図の印刷でお世話になった山本 慎先生に深く感謝いたします．

参 考 文 献

1) 遠山 啓：数学入門 (上)，(下)，岩波新書，1959.
2) E. オマール：不思議な数 e の物語，岩波書店，1999.
3) D. バージェス/M. ボリー：微分方程式で数学モデルを作ろう，日本評論社，1990.
4) 佐藤總夫：自然の数理と社会の数理 I ―微分方程式で解析する―，日本評論社，1984.
5) 丹羽敏雄：数学は世界を解明できるか，中公新書，1999.
6) V.I. アーノルド：常微分方程式，現代数学社，1981.
7) M.W. ハーシュ/S. スメール：力学系入門，岩波書店，1976.
8) I. スチュアート：カオス的世界像，白揚社，1998.
9) 山口昌哉：カオスとフラクタル ―非線型の不思議―，講談社ブルーバックス，1986.
10) 山口昌哉：カオスとフラクタル入門，放送大学，1992.
11) J. ハル：フィナンシャルエンジニアリング 第 3 版 ―デリバティブ商品開発とリスク管理の基礎，金融財政事情研究会，1998.
12) S.N. ネフツィ：ファイナンスへの数学 ―金融デリバティブの基礎―，朝倉書店，1999.
13) 榊原 進：はやわかり *Mathematica* 第 2 版，共立出版，2000.
14) S. ワゴン：*Mathematica* 現代数学探求 ―基礎編―，シュプリンガー・フェアラーク東京，2001.
15) 二村隆夫監修：単位の辞典，丸善，2002.

索　引

■記号

e　87
Δ（デルタ）　31
d　40
$\sum$　34
$\int$（積分記号）　44
$h \to 0$　38
$\lim_{h \to 0}$　38
$\lim_{h \to \infty}$　83
$'$（ダッシュ，プライム）　37
d/ds　40

■ア行

e　87
1次関数　58
一般項　36, 50

$h \to 0$　38
S字形変化　113, 120, 128, 129

オイラー　87
オプション　4, 17
　　──の価格付け　16
折れ線グラフ　11, 26, 41, 51, 62
　　超細かい──　30

■カ行

カオス　4, 18, 100, 121
　　決定論的──　121
微かな

──時間　12, 17, 28, 40, 130
──線分　13, 28, 30, 41, 81
──増分　12, 40, 43
傾き　11
　　微かな線分の──　13, 41
　　瞬間の──　13, 41
　　接線の──　42
　　線分の──　11, 32
株価の動き　16
借入可能な金額　99
ガリレオ　3
元金　8
関数　3, 6, 9, 20, 24
　　1次──　58
　　2次──　58
　　離散時間の──　24
　　連続時間の──　29

幾何級数的　4
幾何ブラウン運動　16
極限　28, 38
局所　5, 6
金融工学　4

グラフ　6, 11, 26, 30

決定論的な世界観　3
ケプラー　3, 17
減衰振動　114

公差　36
行使価格　16

索　引　　　　　　　　　　　　　　　145

公比　50
■サ行
座標　3
差分　9
差分係数　9, 30
差分方程式　4, 6, 9, 30, 100
　　——の族　102
算術級数的　4, 60
3体問題　18
算法統宗（さんぽうとうそう）　48, 55

∑（シグマ）　34
指数　51
指数関数　49, 57
指数関数的　60
　　——な減少　103
　　——な増加　103
実数　21, 27, 28
借金　93
周期　115
　　2——　115
　　3——　119
　　4——　116
　　8——　117
従属変数　24
瞬間　12, 28
　　——の傾き　13, 41
　　——の速さ　12, 37, 39, 79
秭（じょ）　54
初期条件　9
初期値　9
初期値鋭敏性　121
塵劫記（じんごうき）　48, 55, 60
人口の変化　100
人口予測　15

数
　　実——　21, 27, 28
　　整——　21, 23, 57
　　無理——　87, 88
　　有理——　87

数直線　3, 22
数理ファイナンス　4
数理モデル　18
数列　36
ステビン　2

整数　23
成長曲線　16, 131
静的な捉え方　28, 40
　　微分係数の——　40
　　連続時間の——　28
∫（積分記号）　44
接線　41
　　——の傾き　42
ゼノンの逆理　2
漸化式　36, 50
線形的　60
線形方程式　108

族　102, 124
　　差分方程式の——　102
　　微分方程式の——　124

■タ行
対応関係　20
大局　5, 6
大数　56
代入する　22
タレス　2
単位　22
単位あたりの増加率　80, 101, 102, 105, 123
単位時間　28, 45
単利　8
単利預金　8

底（てい）　53
　　2を——　54
　　10を——　54
d　40
ティコ・ブラーエ　3
デカルト　3
Δ（デルタ）　31

天気予報 4, 18

といち 94
導関数 39, 90
等差級数的 60
等差数列 36
動的な捉え方 28, 37
　　微分係数の—— 37
　　連続時間の—— 28
等比級数的 60
等比数列 50
解く 6, 9, 13, 33, 43, 80
　　式の形で—— 8, 51, 82, 131
　　図で—— 8, 51, 81, 129
独立変数 24

■ナ行

ナビエ–ストークス方程式 3

2次関数 58
ニュートン 3, 17

ネーピア 2
ねずみ算 48
熱伝導方程式 3
年利 8

■ハ行

波動方程式 3
速さ 12
　　瞬間の—— 12, 37, 39, 79
　　平均の—— 14, 32, 79
パラメータ 102
パルメニデス 2

非線形 4
非線形方程式 108
ピタゴラス 2, 88
微分 13
　　——する 40, 90
微分係数 13, 37, 39
　　——の静的な捉え方 40
　　——の動的な捉え方 37
微分積分学 3
微分方程式 3, 6, 13, 37, 77, 122
　　——の族 124
　　連続複利の—— 77, 89
表 6, 9, 10, 56, 75

フェルマー 3
複利 8, 65
複利預金 65
　　利払い回数が増えた場合の—— 68
不動点 110
ブラック–ショールズ–マートン 4, 16, 17
分析 6
分析と総合 5

ベアフルスト 4, 16, 127, 131
　　——モデル 126
平均の速さ 14, 32, 79
平衡点 110
平方 53
平方根 58
ヘラクレイトス 2
ベルヌーイ（ヤコブ）76
ベルヌーイ（ヨハン）30
変数 3, 21
偏微分方程式 3, 17, 18

方向場 81, 124, 129

■マ行

マクスウェルの電磁方程式 3
Mathematica 131
マルサス 4, 16
　　——のモデル 102, 124
満期日 16

無限小 40
無限大 75
無理数 87, 88

モデル化 3, 18, 122

■ヤ行

ヤコブ・ベルヌーイ　76

有理数　87

預金　15
　単利——　8
　複利——　65
吉田光由（よしだみつよし）　48
ヨハン・ベルヌーイ　30

■ラ行

ライプニッツ　3, 40, 45
ラプラス　3

離散　4
　——化　45, 135
　——時間　9, 20
　——(時間) モデル　18
　——ロジスティック方程式　105
　——ロジスティックモデル　103, 105
立方　53
利払い　64
　月ごとの——　72
　半年ごとの——　69
　日ごとの——　74
$\lim_{h \to 0}$　38
$\lim_{h \to \infty}$　83

累乗　53

連続　28
連続時間　11, 27
　——の静的な捉え方　28
　——の動的な捉え方　28
　——の関数　29
連続 (時間) モデル　18
連続的　4
連続的に足す　13, 43, 44
連続複利　64, 72, 75, 76
　——の微分方程式　77, 89

ローン　93
ローン返済　94
ロジスティック曲線　16, 131
ロジスティック方程式　16, 127, 135
ロジスティックモデル　126, 127, 135

■ワ行

惑星の運動　17

著者略歴

青木 憲二（あおき・けんじ）

1954 年　東京都に生まれる
1979 年　早稲田大学大学院理工学研究科修士課程修了
現　在　専修大学ネットワーク情報学部教授
　　　　理学博士

シリーズ［数学の世界］5
経済と金融の数理　　　　　　　　　定価はカバーに表示
2003 年 4 月 10 日　初版第 1 刷

著　者　青　木　憲　二
発行者　朝　倉　邦　造
発行所　株式会社　朝　倉　書　店
　　　　東京都新宿区新小川町6-29
　　　　郵便番号　162-8707
　　　　電　話　03(3260)0141
　　　　ＦＡＸ　03(3260)0180
　　　　http://www.asakura.co.jp

〈検印省略〉

ⓒ2003〈無断複写・転載を禁ず〉　　東京書籍印刷・渡辺製本
ISBN 4-254-11565-2　C 3341　　Printed in Japan

早大 大石進一著
数理工学基礎シリーズ1
微積分とモデリングの数理
28501-9 C3350　　A 5 判 224頁 本体3200円

自然現象を解明しモデリングされた問題を数学を用いて巧みに解決するの数理のうち、微積分の真髄を明解にする。〔内容〕数／関数と曲線／定積分／微分／微積分学の基本定理／初等関数と曲線／べき級数とテイラー展開／多変数関数／微分方程式

中大 小林道正著
ファイナンス数学基礎講座1
ファイナンス数学の基礎
29521-9 C3350　　A 5 判 176頁 本体2900円

ファイナンスの実際問題から題材を選び、難しそうに見える概念を図やグラフを多用し、初心者にわかるように解説。〔内容〕金利と将来価値／複数のキャッシュフローの将来価値・現在価値／複利計算の応用／収益率の数学／株価指標の数学

東海大 米村　浩・ゴールドマン・サックス証券 神山直樹・UFJ銀行 桑原善太訳
ファイナンス数学入門
―モデリングとヘッジング―
29004-7 C3050　　A 5 判 304頁 本体5200円

実際の市場データを織り交ぜ現実感を伝えながら解説。〔内容〕金融市場／2項ツリー、ポートフォリオの複製、裁定取引／ツリーモデル／連続モデルとブラック–ショールズ公式、解析的アプローチ／ヘッジング／債券モデルと金利オプション／他

都立大 朝野煕彦著
シリーズ〈マーケティング・エンジニアリング〉1
マーケティング・リサーチ工学
29501-4 C3350　　A 5 判 192頁 本体3200円

目的に適ったデータを得るために実験計画的に調査を行う手法を解説。〔内容〕リサーチ／調査の企画と準備／データ解析／集計処理／統計的推測／相関係数と中央値／ポジショニング分析／コンジョイント分析／マーケティング・ディシジョン

立大 守口　剛著
シリーズ〈マーケティング・エンジニアリング〉6
プロモーション効果分析
29506-5 C3350　　A 5 判 168頁 本体3200円

消費者の購買ならびに販売店の効率を刺激するマーケティング活動の基本的考え方から実際を詳述〔内容〕基本理解／測定の枠組み／データ／手法／利益視点とカテゴリー視点／データマイニング手法を利用した顧客別アプローチ方法の発見／課題

東大 松原　望著
シリーズ〈意思決定の科学〉1
意思決定の基礎
29511-1 C3350　　A 5 判 240頁 本体3200円

価値の多様化の中で私達はあらゆる場で意思決定を迫られている。豊富な例題を基にその基礎を解説。〔内容〕確率／ベイズ意思決定／ベイズ統計学入門／リスクと不確実性／ゲーム理論の基礎・発展／情報量とエントロピー／集団の決定／他

防衛大 生天目章著
シリーズ〈意思決定の科学〉2
戦略的意思決定
29512-X C3350　　A 5 判 200頁 本体3200円

ミクロ＝個人とマクロ＝組織・集団の二つのレベルの意思決定のメカニズムを明らかにし、優れた意思決定のための戦略的思考を構築する。〔内容〕複雑系における意思決定／戦略的操作／競争的・適応的・倫理的・集合的・進化的な意思決定／他

前龍谷大 上田尚一著
講座〈情報をよむ統計学〉1
統計学の基礎
12771-5 C3341　　A 5 判 224頁 本体3400円

情報が錯綜する中で正しい情報をよみとるためには「情報のよみかき能力」が必要。すべての場で必要な基本概念を解説。〔内容〕統計的な見方／情報の統計的表現／新しい表現法／データの対比／有意性の検定／混引要因への対応／分布形の比較

法大 浦谷　規訳
プロジェクト・ファイナンス
―ベンチャーのための金融工学―
29003-9 C3050　　A 5 判 296頁 本体5000円

効率的なプロジェクト資金調達方法を明示する。〔内容〕理論／成立条件／契約担保／商法上の組織／資金調達／割引のキャッシュフロー分析／モデルと評価／資金源／ホスト政府の役割／ケーススタディ（ユーロディズニー、ユーロトンネル等）

D.スミチ–レビ／P.カミンスキー／E.スミチ–レビ著　東京商船大久保幹雄監修
サプライ・チェインの設計と管理
―コンセプト・戦略・事例―
27005-4 C3050　　A 5 判 408頁 本体6300円

米国IE協会のBook-of-the-Yearなど数々の賞に輝くテキスト。〔内容〕ロジスティクス・ネットワークの構成／在庫管理／情報の価値／物流戦略／戦略的提携／国際的なSCM／製品設計とSCM／顧客価値／情報技術／意思決定支援システム

◆ はじめからの数学 ◆
数学をはじめから学び直したいすべての人へ

前東工大 志賀浩二著
はじめからの数学 1
数 に つ い て
11531-8 C3341　　B 5 判 152頁 本体3500円

数学をもう一度初めから学ぶとき"数"の理解が一番重要である。本書は自然数，整数，分数，小数さらには実数までを述べ，楽しく読み進むうちに十分深い理解が得られるように配慮した数学再生の一歩となる話題の書。【各巻本文二色刷】

前東工大 志賀浩二著
はじめからの数学 2
式 に つ い て
11532-6 C3341　　B 5 判 200頁 本体3500円

点を示す等式から，範囲を示す不等式へ，そして関数の世界へ導く「式」の世界を展開。〔内容〕文字と式／二項定理／数学的帰納法／恒等式と方程式／2次方程式／多項式と方程式／連立方程式／不等式／数列と級数／式の世界から関数の世界へ

前東工大 志賀浩二著
はじめからの数学 3
関 数 に つ い て
11533-4 C3341　　B 5 判 192頁 本体3600円

'動き'を表すためには，関数が必要となった。関数の導入から，さまざまな関数の意味とつながりを解説。〔内容〕式と関数／グラフと関数／実数，変数，関数／連続関数／指数関数，対数関数／微分の考え／微分の計算／積分の考え／積分と微分

数学・基礎教育研究会編著
微 分 積 分 学 20 講
11095-2 C3041　　A 5 判 160頁 本体2500円

高校数学とのつながりにも配慮しながら，やさしく，わかりやすく解説した大学理工系初年級学生のための教科書。1節1回の講義で1年間で終了できるように構成し，各節，各章ごとに演習問題を掲載した。〔内容〕微分／積分／偏微分／重積分

前東工大 志賀浩二著
数学30講シリーズ 1
微 分・積 分 30 講
11476-1 C3341　　A 5 判 208頁 本体3200円

〔内容〕数直線／関数とグラフ／有理関数と簡単な無理関数の微分／三角関数／指数関数／対数関数／合成関数の微分と逆関数の微分／不定積分／定積分／円の面積と球の体積／極限について／平均値の定理／テイラー展開／ウォリスの公式／他

電通大 加古 孝著
すうがくぶっくす 1
自然科学の基礎としての 微 積 分
11461-3 C3341　　A 5 変判 160頁 本体2600円

微積分を，そのよってきた起源である自然現象との関係を明確にしながら，コンパクトに記述。〔内容〕数とその性質／数列と極限，級数の性質／関数とその性質／微分法とその応用／積分法とその応用／ベクトル解析の基礎／自然現象と微積分

中大 小林道正著
Mathematica 数学 1
Mathematica 微 分 方 程 式
11521-0 C3341　　A 5 判 256頁 本体3800円

数学ソフト Mathematica により，グラフ・アニメーション・数値解等を駆使し，微分方程式の意味を明快に解説。〔内容〕1階・2階の常微分方程式／連立／級数解／波動方程式／熱伝導方程式／ラプラス方程式／ポアソン方程式／KdV方程式／他

D.ウェルズ著　京大 宮崎興二・京大 藤井道彦・
京大 日置尋久・京大 山口 哲訳
不思議おもしろ幾何学事典
11089-8 C3541　　A 5 判 256頁 本体4900円

世界的に好評を博している幾何学事典の翻訳。円・長方形・3角形から始まりフラクタル・カオスに至るまでの幾何学251項目・428図を50音順に並べ魅力的に解説。高校生でも十分楽しめるようにさまざまな工夫が見られ，従来にない"ふしぎ・おもしろ・びっくり"事典といえよう。〔内容〕アストロイド／アポロニウスのガスケット／アポロニウスの問題／アラベスク／アルキメデスの多面体／アルキメデスのらせん／……／60度で交わる弦／ロバの橋／ローマン曲面／和算の問題

◈ シリーズ〈数学の世界〉◈

野口廣監修／数学の面白さと魅力をやさしく解説

理科大 戸川美郎著
シリーズ〈数学の世界〉1
ゼロからわかる数学
——数論とその応用——
11561-X C3341　　A5判 144頁 本体2500円

0, 1, 2, 3, …と四則演算だけを予備知識として数学における感性を会得させる数学入門書。集合・写像などは丁寧に説明して使える道具としてしまう。最終目的地はインターネット向きの暗号方式として最もエレガントなRSA公開鍵暗号

中大 山本 慎著
シリーズ〈数学の世界〉2
情　報　の　数　理
11562-8 C3341　　A5判 168頁 本体2800円

コンピュータ内部での数の扱い方から始めて、最大公約数や素数の見つけ方、方程式の解き方、さらに名前のデータの並べ替えや文字列の探索まで、コンピュータで問題を解く手順［アルゴリズム］を中心に情報処理の仕組みを解き明かす

早大 沢田 賢・早大 渡邊展也・学芸大 安原 晃著
シリーズ〈数学の世界〉3
社　会　科　学　の　数　学
——線形代数と微積分——
11563-6 C3341　　A5判 152頁 本体2500円

社会科学系の学部では数学を履修する時間が不十分であり、学生も高校であまり数学を学習していない。このことを十分考慮して、数学における文字の使い方などから始めて、線形代数と微積分の基礎概念が納得できるように工夫をこらした

早大 沢田 賢・早大 渡邊展也・学芸大 安原 晃著
シリーズ〈数学の世界〉4
社　会　科　学　の　数　学　演　習
——線形代数と微積分——
11564-4 C3341　　A5判 168頁 本体2500円

社会科学系の学生を対象に、線形代数と微積分の基礎が確実に身に付くように工夫された演習書。各章の冒頭で要点を解説し、定義、定理、例、例題と解答により理解を深め、その上で演習問題を与えて実力を養う。問題の解答を巻末に付す

早大 鈴木晋一著
シリーズ〈数学の世界〉6
幾　何　の　世　界
11566-0 C3341　　A5判 152頁 本体2500円

ユークリッドの平面幾何を中心にして、図形を数学的に扱う楽しさを読者に伝える。多数の図と例題、練習問題を添え、談話室で興味深い話題を提供する。〔内容〕幾何学の歴史／基礎的な事項／3角形／円周と円盤／比例と相似／多辺形と円周

数学オリンピック財団 野口 廣著
シリーズ〈数学の世界〉7
数学オリンピック教室
11567-9 C3341　　A5判 140頁 本体2500円

数学オリンピックに挑戦しようと思う読者は、第一歩として何をどう学んだらよいのか。挑戦者に必要な数学を丁寧に解説しながら、問題を解くアイデアと道筋を具体的に示す。〔内容〕集合と写像／代数／数論／組み合せ論とグラフ／幾何

早大 足立恒雄著
数　——体系と歴史——
11088-X C3041　　A5判 224頁 本体3500円

「数」とは何だろうか？一見自明な「数」の体系を、論理から複素数まで歴史を踏まえて考えていく。〔内容〕論理／集合：素朴集合論他／自然数：自然数をめぐるお話他／整数：整数論入門他／有理数／代数系／実数：濃度他／複素数：四元数他／他

数学オリンピック財団 野口 廣監修
数学オリンピック財団編
数学オリンピック事典
——問題と解法——
11087-1 C3541　　B5判 864頁 本体18000円

国際数学オリンピックの全問題の他に、日本数学オリンピックの予選・本戦の問題、全米数学オリンピックの本戦・予選の問題を網羅し、さらにロシア（ソ連）・ヨーロッパ諸国の問題を精選して、詳しい解答を加えた。各問題は分野別に分類し、易しい問題を基礎編に、難易度の高い問題を演習編におさめた。基本的な記号、公式、概念など数学の基礎を中学生にもわかるように説明した章を設け、また各分野ごとに体系的な知識が得られるような解説を付けた。世界で初めての集大成

上記価格（税別）は2003年3月現在